新型职业农民培育系列教材
乡村振兴科技专家答疑丛书

肉羊养殖技术200问

尹洛蓉　主编

中国农业大学出版社
·北京·

内 容 提 要

全书内容包括肉羊场建设、肉羊的品种与选育、肉羊的饲养管理、肉羊的营养与饲料、肉羊的疾病防治和肉羊场经营管理六个方面的内容。本书通过200多个技术问答，对肉羊场建设、肉羊养殖的品种及特性、肉羊的繁殖技术、肉羊的饲养管理、肉羊的饲料与营养、肉羊的疾病防治和肉羊场的经营管理等方面的知识和技能进行详细介绍，旨在通过200多个通俗易懂的肉羊养殖生产技术问答，指导和培养职业农民应用新型的肉羊养殖生产技术，全面提升肉羊养殖生产的生产效益。

图书在版编目(CIP)数据

肉羊养殖技术200问/尹洛蓉主编. —北京：中国农业大学出版社，2018.8
ISBN 978-7-5655-2098-3

Ⅰ.①肉…　Ⅱ.①尹…　Ⅲ.①肉用羊-饲养管理-问题解答　Ⅳ.①S826.9-44

中国版本图书馆CIP数据核字(2018)第203302号

书　　名　肉羊养殖技术200问
作　　者　尹洛蓉　主编

策划编辑　张　蕊　张　玉　　　**责任编辑**　张　玉
封面设计　郑　川
出版发行　中国农业大学出版社
社　　址　北京市海淀区圆明园西路2号　　　**邮政编码**　100193
电　　话　发行部 010-62818525，8625　　　读者服务部 010-62732336
编辑部 010-62732617，2618　　　出　版　部 010-62733440
网　　址　http://www.cau.edu.cn/caup　　　**E-mail** cbsszs @ cau.edu.cn
经　　销　新华书店
印　　刷　北京时代华都印刷有限公司
版　　次　2018年10月第1版　　2018年10月第1次印刷
规　　格　787×980　　16开本　　9印张　　165千字
定　　价　25.00元

编写人员 CONTRIBUTORS

主　　编　尹洛蓉（成都农业科技职业学院）

副 主 编　熊朝瑞（四川省畜牧科学院草食研究所）
　　　　　韦建华（河池市动物疾病预防控制中心）
　　　　　陈晓勇（河北省畜牧兽医研究所）

编　　者　（按姓氏拼音排名）
　　　　　陈晓春（成都农业科技职业学院）
　　　　　陈晓勇（河北省畜牧兽医研究所）
　　　　　李　韵（成都农业科技职业学院）
　　　　　刘永红（成都农业科技职业学院）
　　　　　王　迪（成都农业科技职业学院）
　　　　　熊朝瑞（四川省畜牧科学院草食研究所）
　　　　　韦建华（河池市动物疾病预防控制中心）
　　　　　尹洛蓉（成都农业科技职业学院）

前言
PREFACE

职业农民是农业生产经营主体。开展农民教育培训，提高农民综合素质、生产技能和经营能力，是发展现代农业和实施乡村振兴战略的重要举措。党中央、国务院高度重视农民教育培训工作，提出了“大力培育新型职业农民”的历史任务。目前，我国肉羊养殖生产具有广阔的发展空间，肉羊养殖生产的当务之急是从转变肉羊养殖生产方式的高度出发，以优质、高效、生态和可持续发展为目标，加大技术投资，依靠科技进步，形成专业生态化生产、一体化经营、社会化服务、企业化管理，加快肉羊养殖生产专业化、系列化、市场化和社会化进程，向品种良种化、生产集约化、过程生态无害化和产品优质化方向迈进，全面提升肉羊养殖生产的生产效益，让肉羊养殖生产产业实现突破式发展。为贯彻落实中央的战略部署，提高农民教育培训质量，同时也为各地培育新型职业农民提供基础保障——高质量教材，我们遵循农民教育培训的基本特点和规律，编写了《肉羊养殖技术 200 问》一书。

《肉羊养殖技术 200 问》是新型职业农民培育系列教材之一。作者在对多年来养羊生产实践经验加以总结的基础上，以技术问答方式编写了本书。全书内容包括肉羊场建设、肉羊的品种及特性、肉羊的饲料与营养、肉羊的繁殖技术、肉羊的饲养管理、肉羊的疾病与防治与肉羊场的经营管理等内容。全书紧密结合肉羊养殖生产实际，技术先进，实用性与可操作性强，通俗易懂，具有很强的针对性和实用性，既可作为肉羊养殖生产一线的新型职业农民的培训教材，也可作为从事肉羊养殖生产、管理人员及农业职业院校师生的学习参考用书。

本书由成都农业科技职业学院尹洛蓉教授担任主编，负责全书架构的总体设计和全部书稿的统纂、定稿和编写；四川省畜牧科学院草食研究所熊朝瑞研究员、河池市动物疾病预防控制中心韦建华主任和河北省畜牧兽医研究所陈晓勇高级畜牧师担任副主编，负责全书架构的总体设计；成都农业科技职业学院尹洛蓉编写本书的第一和第二部分，王迪编写第三部分，陈晓春编写第四部分，刘永红编写第五部分，李韵编写第六部分。河北省畜牧兽医研究所陈晓勇、原农业部科技教育司寇建平和原农业部农民科技教育培训中心陈肖安等同志对教材内容进行了审定，在此一并表示感谢。本教材引用了山东畜牧兽医职业学院教师制作的大量图片，在此一并表示感谢。

由于编者水平有限，加之时间仓促，教材中不妥和错误之处在所难免。衷心希望广大读者提出宝贵意见，以期进一步修订和完善。

编　者

2018年3月

目录 CONTENTS

一、肉羊场建设

1 肉羊养殖的前景如何？

我国的肉羊养殖业主要通过商品肉山羊和肉绵羊生产提供数量多、质量好的羊肉产品，满足人民对羊肉的消费需求。羊肉是健康食品，属于低脂高蛋白红肉，也是脂肪含量最少的红肉，氨基酸含量丰富、胆固醇含量低、不饱和脂肪酸含量高，是人类的健康食品。我国北方和南方历来都有消费羊肉的习俗，每年各地举办各种形式的“肉羊节”，形成羊肉消费的高潮期。

近年来，食品安全和饲料安全是制约肉类生产发展的一个重要因素。以采食饲料为主的肉猪和肉禽生产，在饲养过程中会使用激素和抗生素等药物，肉猪和肉禽的快速生长，导致了肉质的下降；“疯牛病”事件也导致牛肉的价格和消费量的下降。种种因素给以采食牧草、秸秆和树叶等饲草为主的肉羊生产提供了发展机遇。我国肉羊品种和饲草资源丰富，养殖规模和形式多样，肉羊养殖符合国家大力发展草食类动物的行业发展方针。随着人民生活水平的提高，民众健康意识的增强，羊肉越来越受到城乡居民喜爱，市场需求量愈来愈大。加之目前我国肉羊生产水平低、人均羊肉消费量小、羊肉价格不高，不可能出现短期内肉羊生产迅猛发展而造成的市场饱和，因而肉羊市场发展前景十分广阔。

2 肉羊养殖的现状怎样？

肉羊养殖主要包括肉山羊养殖和肉绵羊养殖两大类。山羊是以生产肉、奶为主要用途，同时提供皮、毛等产品；而绵羊是以生产毛为主，同时提供肉和皮等产品。山羊和绵羊对生产条件的要求都不高，分别适应我国南方和北方的自然条件，山羊的食性比绵羊更宽泛。

我国的自然条件非常适宜发展山羊养殖，随着 20 世纪我国产业结构的调整，我国山羊养殖量从 20 世纪 80 年代的 8 000 万只增长到目前的 1.17 亿只，增长量达到47%。目前，我国山羊分布区域包括西北牧区、北方农区、农牧混合区、南方农区和青藏高原五个区域。据有关资料统计，农区分布的山羊约占61.3%，牧区分布的山羊约占23.5%，农民混合区分布的山羊约占15.2%；南方地区的山羊约占40.78%，北方地区的山羊约占59.22%；山东、内蒙古、江苏、河南、四川是我国饲养山羊数量较多的省区。

近年来，我国绵羊的存栏量稳定在1.6万只左右，主要分布在温暖干旱、温暖半干旱、寒冷干旱和寒冷半干旱地带，即我国中部、西北部地区，新疆、内蒙古、青海、河北和西藏等省、自治区，饲养数量占全国绵羊总数的65.85%；江苏、上海、安徽、湖北、贵州等省、市的饲养数量不到1%；湖南、重庆等地有少量绵羊；而福建、江西、广东、广西和海南五省区完全没有绵羊分布。

目前，我国的肉羊养殖结构主要是以南方的肉山羊养殖为主，北方的肉绵羊养殖为辅；多年来形成了农区以舍饲、放牧与舍饲结合为主的肉山羊生产模式，以及北方以放牧饲养为主、放牧与舍饲结合的肉绵羊生产模式；肉羊生产规模以农户、小型和中型养殖场为主，规模化肉羊养殖场较少、肉用生产水平低，生产效益低。因此，我国肉用养殖业具有巨大的发展潜力。

3 肉羊养殖的发展趋势是什么？

（1）养殖业生产结构调整，加快肉羊的生产发展　我国的肉羊养殖主要包括以南方肉山羊养殖为主和北方肉绵羊养殖为辅的生产结构，以放牧或放牧加舍饲的小规模肉羊生产模式为主，肉羊养殖技术落后，生产水平低。20世纪末，我国养殖业产业结构调整，迎来了草食类动物的养殖的重要发展机遇。30年来，我国的肉山羊和肉绵羊的生产方式和生产规模取得了长足的进步。同时许多优质肉用绵羊和山羊品种的推广、大量肉羊养殖新技术的应用，有利于挖掘肉羊养殖的生产潜力，推动肉羊生产的快速发展。

（2）品种选育和改良技术，改善肉羊的生产性能　为发展肉山羊生产，利用引进的优良肉羊品种，如波尔山羊、努比羊等，对地方山羊品种通过复杂杂交，培育出我国自己的肉用羊新品种、新类型——南江黄羊、简阳大耳羊等；利用引进的优良肉羊品种对地方品种进行杂交改良，提高地方山羊的肉用性能，新品种培育和杂交改良对我国地方山羊品种的肉用性能改良发挥了重要作用。为发展肉绵羊生产，利用引进的优良肉羊品种，如夏洛来、萨福克、无角道赛特和特克赛尔等著名肉羊品种，对地方绵羊品种进行杂交改良，提高地方绵羊品种的肉用性能，并取得了显著效果。

(3)肉羊养殖新技术，提高肉羊的生产效益　良种还需配良法，转变我国传统的放牧饲养方式，减少对自然条件的依赖程度和草畜矛盾，是实现肉羊养殖可持续发展，提高肉羊养殖生产效益和经济效益的重要保障。随着科技水平的提高和饲草饲料条件的改变，必须调整肉羊饲养方式，北方牧区由放牧向半舍饲饲养转变，广大农区逐渐向全舍饲饲养转变，同时配套推广肉羊育肥技术、饲料青贮及加工利用技术和种草养羊的技术。肉羊生产的繁殖效率低、生长速度慢、羔羊成活率低等原因，严重影响了肉羊养殖的生产水平和生产效益。因此，在肉羊生产中大力推广应用杂交育种技术、经济杂交技术、同期发情技术、人工授精技术、胚胎移植技术，提高肉羊的繁殖效率。结合肉羊舍饲饲养技术、塑料暖棚养羊技术、疫病防治技术等措施，改善肉羊生产环境、加强疫病防御、提高肉羊养殖的生产效益，确保肉羊生产快速发展的局面得以维持和发展。在不同地区可以采用不同形式和不同规模的肉羊生产模式，发挥各地的资源优势和商品优势，提高肉羊的生产效益和经济效益。

4 肉羊养殖有什么优势？

(1)丰富的山羊和绵羊品种，提供了肉羊生产的丰富种源　我国现有 40 多个山羊品种(品种群)和 30 多个绵羊品种。这些地方品种具有许多优良性状，如高繁殖力、肉质好、抗逆性强等优良特点，这些优良品种为开展商品肉羊生产提供了重要种质资源。同时，我国还引进了一些优秀的肉山羊和肉绵羊品种，四川省还培育出国内第一个肉山羊新品种——南江黄羊。这些优良品种与我国的优良地方品种的杂交利用，为发展肉羊生产奠定了丰富的种源基础。

(2)丰富的饲草资源，提供了肉羊生产的饲料资源　我国北方地区具有丰沛的牧草资源，具备肉绵羊生产的重要资源。而我国南方地区气候温和，大量的草山草坡和人工栽培牧草，适合肉山羊生产。随着种草养畜、退耕还林(草)工程的进行，为肉山羊生产提供了丰富的饲草资源。我国每年有大量农作物秸秆，但是以青贮、氨化、微贮或直接饲喂用的数量还不到总量的 10%，这类饲草资源的开发和应用将为肉山羊生产的发展提供更丰富的物质基础。山羊、绵羊和牛所优先选择采食的牧草种类是不相同的，它们在放牧环境下不存在竞争关系，因此建立山羊、绵羊和牛多畜种放牧系统，使同一块放牧地得到充分利用，提高饲草资源的利用率，从而获得更多的利润。

(3)饲养风险小，适合肉羊生产的不同方式和规模　羊的抗逆性强，烈性传染病的发生率较低，只要在肉羊养殖过程中做好疫病防治工作，是不会因此而造成重大损失，养殖风险较低。肉羊养殖方式多样，可以根据各地的具体情况采用舍饲、半牧半舍饲和放牧饲养，生产规模可大可小，少则几千元，多则几十万元、上百万元，投资者可根据自己的经济能力，灵活确定其生产方式和生产规模。

5 肉羊养殖的主要措施是什么？

(1)因地制宜，发展肉羊养殖　我国地域资源复杂，各地在肉羊养殖中应该根据各地的自然地理条件和当地山羊、绵羊品种特点制定肉山羊和肉绵羊的生产规划，并且合理布局生产区域，发展适度规模的生产经营规模。

(2)开展经济杂交，推广适宜的杂交组合　各地在确定肉羊生产规划时，应该根据当地自然条件、经济条件和品种资源特点开展杂交试验，通过配合力测定，选择适应当地的肉羊生产杂交组合，大力推广经济杂交技术，提高肉羊生产水平、生产和经济效益。

(3)办好种羊场，健全肉羊繁育体系　各地在开展经济杂交工作时，必须重视种羊场建设，建立和健全肉羊繁育体系。在杂交利用的同时，加强地方品种的选育和杂交改良，甚至新品种的培育工作，保护地方优良资源、不断改良提高地方品种的生产性能，为肉羊生产的可持续发展奠定基础。

(4)加强肉羊新技术推广工作，提高肉羊生产水平　肉羊养殖技术是影响肉羊生产效益的重要因素。种羊的繁殖效率、肉羊的生长速度、羔羊的成活率、肉羊的营养和饲养方式、生产经营规模以及羊肉上市时间等都会影响肉羊的生产效益和经济效益。在肉羊生产中应推广舍饲养羊技术、育肥技术、羔羊育肥技术、同期发情技术、人工授精技术、选种选配技术、胚胎移植技术、种草养羊技术、圈舍改造工作等，可进一步提高肉羊的生产性能和产品的质量。

(5)重视山羊疾病防治工作，确保养羊生产的健康发展　肉羊生产的健康发展必须以羊病的预防为支撑。在肉羊生产中，必须加强羊病的防治工作，尤其是寄生虫病的防治，预防为主、防治结合。首先，通过圈舍改造，改善肉羊生产环境、减少疾病的发生；其次，加强驱虫保健工作，减少寄生虫的侵害；再者，加强肉羊的饲养管理，增强肉羊对疾病的抵抗力。

(6)建立肉羊生产示范基地，开发无公害羊肉生产　各地协调统筹建立肉羊生产示范基地，逐步形成规模化、区域化、专业化生产的优势，在肉羊主产区形成产业化发展的趋势。同时，根据各地的自然经济条件，发展无公害羊肉生产，开发特色产品、无公害产品和绿色产品，形成多层次肉羊产品，提高肉羊生产的生产效益和经济效益。

(7)加强草地建设和保护，建立人工草地　为保证肉羊生产的可持续发展，在开展肉羊舍饲的同时，各地应不断开发山羊的各种饲料资源，重视草地建设和保护工作，建立围栏、严格控制载畜量，防止过牧引起草地退化。

6 如何申办肉羊场？

根据我国的法律规定，修建肉羊养殖场需要事先进行调查、论证，确定肉羊养殖场的设计和规划方案，并向有关部门提出建场申请及相关资料，经过一系列的审批程序，获得生产许可，才能从事肉羊养殖生产。办理流程大致如下：

(1)办理入区审批　首先到乡镇选择符合土地性质及规划要求的地块，然后到土地部门及规划部门进行确认，动监局派人到备选地块现场审查防疫条件，如符合上述条件即可签订土地租赁协议，到区动监局进行备案完成入区审批。备案材料包括：农事项目入区审核表、项目可行性报告、场区平面图、土地租赁协议。

(2)养殖场规划建设　入区审批办结后，养殖场即可根据设计方案进行施工建设，并随时向区动监局汇报项目建设进度。

(3)办理动物防疫条件合格证　根据农业部《动物防疫条件审查办法》的相关规定对养殖场的选址要求、养殖场布局要求、养殖场设施设备条件、养殖场规模与执业兽医或乡村兽医的比例及养殖场消毒和防疫制度、无害化处理及养殖档案情况进行材料和现场审查，审查合格的，区动监局颁发《动物防疫条件合格证》。审查不合格的，书面通知申请人，并说明理由。

(4)办理工商执照　根据《中华人民共和国动物防疫法》的规定，兴办动物养殖场需要办理工商登记的，申请人凭动物防疫条件合格证向工商行政管理部门申请办理登记注册手续。

7 肉羊养殖场场址选择的总体要求有哪些？

肉羊养殖场场址选择应根据羊场的性质因地制宜的选择建址。原则上要求保证场内有良好的小气候环境，有利于羊舍的通风换气、有利于卫生防疫和管理以及提高劳动生产效率。

肉羊场场址总体要求地势干燥、平坦，场地高于周边地势、排水通风良好、地下水位在2米以下。土地符合当地土地利用发展规划，不在水保护区、自然保护区、环境严重污染区、畜禽疫病常发区建场。尽量选择场地开阔、方正、高燥的地方建场，山区建场要求坡度在1%～3%较好，最好控制在25%以内。避免在山顶或山谷、冬季风口、山洪水道、泥石流通道及其他容易出现地质灾害处建场。土壤质量符合《土壤环境质量标准》规定。场址及周围未被污染和没有发生过任何传染病，周围有足够的土地面积消化羊粪污水。距离城镇或人口集中居住区1 000米外，距离交通主干道500米外，市场和闹市区200米外，普通道路100米外，周围1 500米以内无化工厂、畜产品加工厂、屠宰厂、兽医院等容易产生污染的企业和单位。

8 建立肉羊养殖场应具备哪些条件？

肉羊养殖场必须保证有充足的优良水源和饲草资源、便利的交通、通信和电力设施、科学的防疫和隔离措施等，才能保障肉羊养殖场的正常运行。

(1)水源和饲草资源　肉羊养殖场必须拥有充沛的水源，水质优良、符合《畜禽饮用水水质》《畜禽产品加工用水》标准。根据当地的具体情况，可以选择泉水、溪水、井水和自来水为水源，保障肉羊场的生产和生活用水要求。不能在水源受到污染或季节性水源不足的地区建场。肉羊场还必须具备充足的饲草资源，能就近解决饲草和饲料来源。最好在养殖场周边建立大片的饲草生产基地，选择适应当地的牧草人工种植、做好饲草供应计划，保障肉羊一年四季饲草的充沛供应。

(2)交通、通信和电力　肉羊养殖场应该具备快捷的交通、方便的通信设施和稳定的电力供应。养殖场要与工厂和居民区保持一定距离，既便于保证原材料和产品的运输，又能够保证防疫要求、减少疾病传播的机会。养殖场必须具有满足照明、饲料生产所需要的电力供应系统，保证肉羊养殖场的生产和生活的正常运行，减少停电对生产造成的损失。商品肉羊场的周边区域如果具备屠宰、加工、贮藏等条件，可以减少运输成本、有效降低生产成本。

(3)防疫和隔离措施　肉羊养殖场必须建立在非疫区，养殖场内具备基本的防疫和隔离措施，及时了解当地及周边的疫情，建立自己的防疫体系、科学布局各建筑物，以减少疫病损失，保证养殖场的正常生产。

9 肉羊养殖场应包括哪些建筑？

肉羊养殖场一般包括生产管理区和生活区、生产区、饲料区、隔离和防疫区建筑。生产管理区主要包括办公室、材料采购室、产品销售室、财务室等，生活区主要包括员工宿舍、生活活动室等，生产区的建筑包括羊舍、运动场、饲料库、饲料加工房、青贮窖、药浴池、工具室和值班室等。隔离和防疫区建筑主要包括隔离室、疫病检查室、消毒池、焚烧室、粪污处理池等建设物。

10 肉羊养殖场的建筑如何布局？

肉羊养殖场的建筑布局应根据绵、山羊的生活习性、生产工艺流程和卫生防疫规定分区布局。肉羊场的分区可根据羊场常年的主风向，按管理区、生产区、饲料区、隔离区和粪污处理区从上风到下风布局，各区功能界限明显，联系方便。建筑物的朝向最好是坐北朝南，建筑物之间具备基本的防火和防疫间距，各功能区之间、肉羊场周围修建院墙、防疫隔离带。

生产管理区、生活区与生产区严格分开，至少保证 50 米以上的间距。生产区是肉羊场的中心，应建在羊场的中心位置，相对独立。饲料加工区与生产区分开，但是应方便车辆运输。生产区内的每栋羊舍应配备消毒道、值班室和工具、饲料用房，种用羊舍外设置运动场，精料房、草料房、青贮窖距离羊舍不要太远。隔离和防疫区应建在生产区的下风方向，设立隔离室、疫病检查室、消毒池、焚烧室和粪污处理池。肉羊场的道路必须修建净道和污道两条严格分开的道路，粪污和病羊只能走专门的污道，以避免疫病传播。肉羊场内，主道宽大于 4 米，辅道宽大于 3 米。生产区的出入口必须建立人、车通过的消毒设施。大门口的消毒池长大于 4 米、深大于 0.2 米，能承受通行车辆的重量。肉羊养殖场平面布局图如图 1-1 所示。

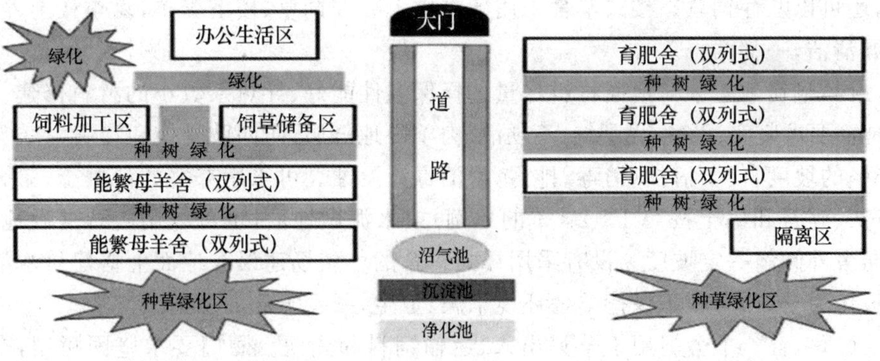

图 1-1　标准羊场平面布局示意图

11 羊舍建筑材料有何要求？

肉羊养殖场修建羊舍应该本着经济实用的原则，因地制宜地选择建筑材料，尽量为肉羊生产提供良好的环境条件。

(1)地基和基础　地基是支撑羊舍建筑物的土层,要求有足够的承载力和厚度,抗冲刷力强、膨胀性小,下沉度小于2～3厘米。小型羊舍的地基可以建立在自然地基上。基础是支撑和延续墙体的地下结构,要求坚固持久,具有较强的抗机械力和防潮、抗冻、抗震能力,墙基比墙宽10～15厘米。肉羊场可以根据实际情况选择砖、石、混凝土、钢筋混凝土等材料做基础建筑材料。

(2)墙　墙对羊舍具有保温隔热作用,冬季可以有效控制散热量、夏季可以有效发挥隔热作用。肉羊舍的墙体需要选择保温性能好、容易消毒和经济实用的材料。养殖场在选择羊舍墙体材料时,可以根据造价、保温和消毒情况因地制宜地选择砖墙、石墙或土墙。目前较为常见的是砖墙,砖墙的厚度分为半砖墙、一砖墙和一砖半墙。温带地区可以选用铝板、玻纤板做保温隔热墙。北方农村可以选用竹木用作非承重性的隔墙,虽保温性能差,但经济实用。

(3)屋顶和天棚　屋顶对羊舍具有很强的保温隔热作用,屋顶内外温差大于墙内外的温差,南方重在防暑,北方重在保温。通常采用具有耐火、防渗透、排水好的多层材料修建屋顶以增加屋顶的保温性能。根据养殖场地域和规模选建平顶、圆拱顶以及坡度适宜的单坡式或双坡式屋顶,以利于防水和排水。南方温热地区,屋顶太低、夏季羊舍内闷热难耐,可不设天棚;北方寒冷地区冬季气温低,屋顶太高、不利于冬季保暖,通常2.5米左右较为适宜,搭建天棚能有效地调节羊舍内的温度,还可以贮存饲草。楼式羊舍采用冬季楼上贮存饲草、楼下养羊,夏季楼上养羊、干燥清洁,一举两得。

(4)地面和羊床　地面材料尽量选择保温性能好、导热系数小的材料修建。羊舍地面要求坚实、平整、无裂缝、不硬滑,肉羊卧地舒服、防四肢受伤和蹄病,有1%～1.5%的坡度,便于清扫、消毒、排污,耐消毒液浸蚀。可采用夯实的沙壤土、三合土(石灰、碎石和黏土按照1∶2∶4的比例)或水泥做地面,也可以用砖石铺设地面,并向舍外倾斜一定坡度。没有采用楼式羊舍的养殖场建议在地面上搭建竹木漏缝地板作为羊床,有利于保持羊舍环境干燥、卫生,减少羊病的发生。

(5)门窗　羊舍门用于羊只出入、运输饲料和粪便。圈门要求坚固耐用,在羊舍开设1～2个舍门、正对羊舍通道,舍门向外开、不设门槛,方便羊只和小推车进出。大型羊舍门宽2.5～3.0米、高2.0～2.5米,寒冷地区可设门套。窗宽1.0～1.2米、高0.7～0.9米,窗台距离地面1.3～1.5米。开放式羊舍的窗有利于调节舍内温度和空气,夏季打开有利于通风降温、冬春季能够关闭堵严有利于防寒保暖。

(6)运动场　种用羊舍应在羊舍外设运动场,运动场地面要求坚实、平整、无裂缝、不硬滑,肉羊卧地舒服、防四肢受伤和蹄病,有1%～1.5%的坡度,便于清扫、消毒、排污，耐消毒液浸蚀。可以采用砖石地面或混凝土地面。

12 肉羊舍有哪些类型？

羊舍类型主要包括长方形羊舍、楼式羊舍和棚舍 3 种；根据羊舍四周墙壁封闭的严密程度，可分为封闭舍、开放与半开放舍、棚舍等多种类型；根据屋顶的样式可以分为单坡式、双坡式、钟楼式、拱式等类型；根据羊舍内部结构建造样式可以分为双列式和单列式。

(1)长方形羊舍　长方形羊舍是我国最常见的典型羊舍。羊舍的墙壁采用砖、石、土坯结构筑成，墙壁中央设置向外开启的双扇门，南北墙都设有窗。羊舍自然采光好，温差小，经济实用。

(2)楼式羊舍及高床羊舍　楼式羊舍是我国寒冷地区和多雨潮湿地区较为常见的形式。夏季羊舍上层是羊床、下面贮存粪尿，冬春季楼下清除粪尿、消毒后，羊舍在下层、楼上可贮存草料。近年来我国普遍采用修建高床漏缝地板改进普通羊舍，可有效地调节羊舍环境。

(3)棚舍　棚舍是我国炎热地区肉羊养殖场常用的简易羊舍，具有很强的防太阳辐射作用，但是保温性能差。同时，温带地区放牧草场常用棚舍供养休息和采食，相当于凉棚的形式。我国北方地区常在棚舍的基础上改建成塑料膜暖棚羊舍，具有较好保暖效果，经济实用。

13 肉羊养殖场如何选择羊舍类型？

肉羊养殖场在选择羊舍类型时，应当根据当地的气候条件、饲养方式及建筑成本确定适宜类型的羊舍。

一般的肉羊养殖场通常采用长方形羊舍，采光好，温差小，经济适用。羊舍的类型建议修建封闭式羊舍或暖棚羊舍，可以有效地控制羊舍小气候、提高肉羊生产的生产效益和经济效益；也可以根据气候条件、生产规模和资金情况修建半开放式或全开放式羊舍，相比密闭式羊舍造价低，简单，管理方便。其中单坡式羊舍跨度小，自然采光好，适于小型羊场或农户；双坡式羊舍跨度大，保温力强，但采光和通风差，占地面积少；规模化羊场一般采用长方形封闭式双列羊舍。

北方寒冷地区和南方多雨潮湿地区适宜楼式羊舍，但是造价高，建议在简易羊舍地面修建高床漏缝地板以降低成本。可以利用简易的棚舍改建成斜面透光式塑料膜暖棚羊舍，有效地提高了羊舍内的温度，在一定程度上改善了寒冷地区冬季养羊生产的不利因素。塑料膜暖棚羊舍有利于发展适度规模经营，而且投资少，易于修建。

14 如何修建单列半拱面塑膜暖棚羊舍？

修建单列半拱面塑膜暖棚羊舍投资少，易建造。通常可以利用现有的简易敞圈或原来羊舍外的运动场搭建。羊舍选择坐北朝南的方向，羊舍以三面有墙的棚舍为基础，中梁高2.5米，后墙高1.7米，前沿墙高1.1米。后墙与中梁间用木椽或管材等材料搭棚，中梁和前沿墙间用竹片搭成拱形支架，支架的间隔不超过1米，以提高抗风能力。支架上面覆盖塑料薄膜，并用木条固定。塑料薄膜适宜选择透明、透光、强度大、抗老化、防滴和保温性能好的塑料薄膜，如聚氯乙烯膜、聚乙烯膜、无滴膜等。一般羊舍的前后跨深6米，左右宽10米，中梁垂直地面与前沿墙距2～3米。羊舍的山墙开设舍门，高1.8米、宽1.2米，供羊只出入，舍门以门帘遮挡。羊舍的前沿墙基5～10厘米处设进气孔；羊舍的棚顶设百叶窗式排气孔，一般排气孔是进气孔的2倍。羊舍内沿墙设补饲槽、产仔栏等设施。

15 如何修建单列半坡保暖板暖棚羊舍？

单列半坡保暖板暖棚羊舍是四川省草原研究所推广的一种适合在高寒地区肉羊养殖的塑料暖棚羊舍。单列半坡保暖板暖棚羊舍可利用现有的简易敞圈或原来羊舍外的运动场搭建。单列半坡保暖板暖棚羊舍对方位、地面、墙壁、支架的要求基本与修建单列半拱面塑模暖棚羊舍相同，但是羊舍的屋顶采用斜坡式屋顶，支架上的覆盖物采用双层中空塑料保暖板，这样使得羊舍的保暖效果明显好于普通暖棚羊舍采用聚氯乙烯膜、聚乙烯膜、无滴膜覆盖的保暖效果。保暖板具有抗拉断力强、透光率高、耐老化、抗风、抗冰雹和抗雪压的特性。通常单列半坡保暖板暖棚羊舍暖棚最大面积不超过200米^2，最大饲养量300只，一般建棚面积在100～150米^{2}为宜。

16 如何修建半开放单列式普通羊舍？

半开放单列羊舍选择南北朝向；三面有墙、向阳面有1.2～1.4米的半截长墙，南北墙设有窗；羊舍为单列式，一侧为饲槽和走道，另一侧为羊只躺卧休息的地方。该类羊舍保温性能较差，但通风采光好、造价低、管理方便，还可以配套搭建羊棚，形成棚舍结合羊舍。适合于大部分地区，尤其是炎热地区和温暖地区，农区养羊专业户也普遍应用。但是，半开放单列式普通羊舍这类羊舍规划中运动场占地大，羊舍以冬季关羊较长，夏、秋季羊只卧息于运动场居多，也适合于北方温暖季节使用。

17 如何修建半开放双列式普通羊舍？

半开放双列式羊舍选择南北朝向；三面有墙、向阳面有 1.2～1.4 米的半截长墙（开放式羊舍则无长墙）；南北墙设有窗；分双列对头和双列对尾式羊舍。半开放双列式普通羊舍这类羊舍适合于温暖潮湿地区，羊舍通风良好，采光强，干净卫生，操作方便，羊舍外设置运动场，如图 1-2 所示。

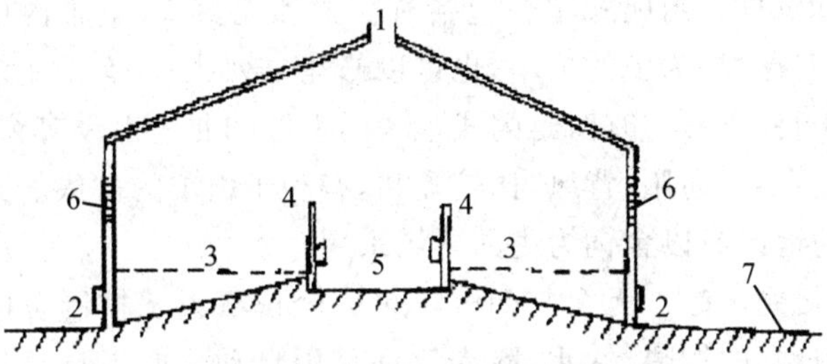

图 1-2　半开放双列式普通羊舍示意图

1. 排气孔　2. 排污孔　3. 漏缝地板　4. 羊栏、饲槽　5. 饲喂通道　6. 窗户　7. 运动场

（1）双列对头式羊舍　双列对头式羊舍内的中间为 1.5～2.0 米的走道，走道两侧修建固定式饲槽，是羊只采食的地方；羊舍的两侧是羊床（修建漏缝地板），为羊休息和排便的地方；粪沟修建在舍外，与每个羊位的排污孔相通。这类羊舍光照充足，通风良好，冬暖夏凉，单位成本低于单列式，是目前较理想的羊舍。

（2）双列对尾式羊舍　双列对尾式羊舍的中间为羊躺卧休息、排便的地方；走道和饲槽等分别设在羊舍内部的两侧靠近窗户处。

近年来，北方地区新建种羊场普遍采用半开放式羊舍。羊舍内是通圈，用移动式钢栏调节圈舍面积；羊床的漏缝地板是拼装式，可定期进行清扫和清毒；地面是斜坡式，便于定期冲洗打扫，劳动强度小，提高劳动效率，减轻工人劳动强度；圈舍外修建运动场，搭建斜坡防滑地面通向运动场。半开放双列式羊舍的造价稍高于半开放单列式羊舍，一般农户养羊可简化结构，降低成本，因而在北方农区得以普遍推广应用。

18 如何修建封闭式羊舍？

封闭式羊舍相比开放式和半开放式羊舍具有更好的环境调控效果，是舍饲肉羊生产和种羊饲养的最佳羊舍。封闭式羊舍四周墙壁完整，采用砖、石、土坯结构筑成；圈舍门宽多采用1.2米以上向外开启的双扇门；羊舍地面以沙壤土或混合土为好，有条件的也可铺成砖地面，并向舍外倾斜一定坡度；水泥地面可铺设用平整木条制成的羊床，木条的间隙为1～1.5厘米；在靠近羊床的地方，修建带有颈枷或斜架的固定饲槽；向阳面带有遮阳的设施和运动场。封闭式羊舍的羊只多在舍内和运动场上活动，故应在羊舍内设有固定的草架和饲槽，在运动场上设置饮水槽、可移动的草架和饲槽。封闭式羊舍包括有窗式和无窗式，羊舍内可以是双列对头式，也可以双列对尾式；为节约成本，也可以修建单列式；少有采用多列式。

(1)有窗封闭式羊舍　有窗封闭式羊舍的南墙和北墙都设有窗，羊舍夏季能通风、透光，较凉爽；冬天向阳、背风，比较暖和，有利于山羊的健康。封闭式羊舍适合冬季寒冷风大的地区或以舍饲为主的羊场采用。

(2)无窗封闭式羊舍　无窗封闭式羊舍完全依靠人工控制舍内的温度、湿度、光照和通风量，日常的饲喂、饮水、除粪等都采用自动化或半自动化操作。羊舍建造成本高，生产效益高，是规模化羊场的首选。

19 如何修建楼圈式羊舍或高床漏缝地板羊舍？

修建楼圈式羊舍的不同之处主要是羊床和地面。楼圈式羊舍或高床漏缝地板羊舍的羊床是在高出地面2米或0.3～0.5米处的地面搭建漏缝地板，选择安装水泥预制、木条或竹条组成的漏缝地板。每条板的宽度为2.5～3厘米，漏缝地板间隔1～1.5厘米，防止板面过宽积粪、漏缝过宽造成羊只踩空，折断羊腿。羊舍的地面具有一定的坡度斜向羊舍外，形成落粪斜坡，表面抹3厘米厚水泥，水泥表面应光滑。在落粪斜坡最低处建粪尿沟，粪尿沟有3%～5%的坡度。如果羊舍太长，可在两侧建蓄粪池，便于粪尿向羊舍两边排。建议修建沼气池，以便对粪尿及饲养废弃物进行无害化处理。羊舍两边的侧墙正中处各设置一处双扇向外开启的大门，夏季天气炎热时打开大门形成穿堂风，可以降低羊舍内的温度和湿度，排除羊舍内的有害气体。每个羊栏开设有门，并通过木制或水泥制斜坡进入运动场，坡度应小于45°。运动场周围修建1.5米高的围墙，地面用三合土或水泥处理，也可用砖铺垫，形成略有一定坡度的平整地面。运动场内不得积水，保持清洁干燥，排水畅通，如图1-3所示。楼上窗户较楼下大，视各地气温高低，楼上窗户大小控制建造成开放式或半开放式。目前我国很多地区普遍采用高床漏缝养殖，能很好满足肉羊生长需求的舍温控制，对肉羊疫病、降低提高肉羊养殖生产效益和经济效益具有重要意义。

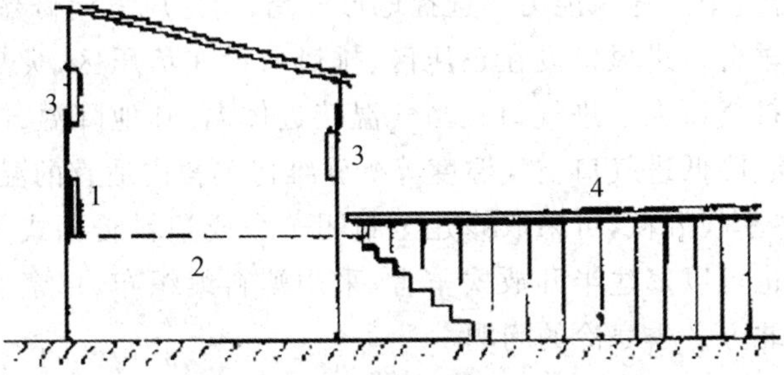

图1-3　羊楼圈式舍示意图

1. 饲槽　2. 漏缝地板　3. 窗户　4. 运动场

20 如何控制羊舍适宜的饲养密度？

羊舍的饲养密度取决于羊舍的面积和羊只的饲养数量的平衡，适宜的饲养密度能够满足空气流通、干燥、采光、防寒保暖、防暑降温、便于饲养管理的要求。比如修建羊圈面积4.8米×4.5米，每圈设面积0.8米×0.8米的窗，屋脊上设可开关的风帽。通常按照每只羊的占地面积表示羊舍的饲养密度：种公羊2～4米²，后备公羊1～2米²，空怀母羊1米²，妊娠后期和哺乳母羊1.5～2米²，后备母羊0.8～1米²，商品肥羔0.6～0.8米²。采用舍饲的肉羊场，运动场的面积不少于羊舍面积的3倍。

21 如何控制羊舍的温度及湿度？

（1）羊舍的温度　羊舍的适宜温度在10～30℃。我国南北温度差异大，各地可以根据具体情况采取防暑降温和防寒保暖措施，保持羊舍的适宜温度，促进肉羊的健康生长。解决南方夏季高温问题，可以采取以下防暑降温措施：

①增大外围护结构的热阻　采用三层屋顶或外墙，上（外）层采用导热系数大、中层采用蓄热系数大的材料、下层（内）采用导热系数小的材料，增加屋顶和外墙的热阻，减少外界热量向舍内传播、加快舍内高温向外散失，保持舍内适宜温度。

②充分利用空气隔热特性　采用双层空气间屋顶，减少辐射传热，增加空气流通，带走屋顶空间热量，提高屋顶隔热能力。

③遮阳和绿化　在羊舍的窗户增设遮阳挡板，阻止或减少阳光直射舍内。增加绿化面积，种植花木果树、蓄水养鱼，降低舍外温度。

④增加羊舍夏季的通风能力　选择地形开阔、朝主风方向修建羊舍，增加羊舍间距，错位布局羊舍。进风口设在正压区、排风口设在负压区，炎热地区在靠近地面处设进气口，排气口大于进气口。当气温接近体温，其他降温方法无效时，可采用冷水喷淋屋顶、降低进气口空气温度等措施维持羊舍内适宜的温度。

我国北方冬季气温低，可采取修建全封闭羊舍或塑料暖棚式羊舍有效地控制羊舍内的温度，也可以修建半开放式羊舍，采用塑料编织布、草帘遮盖法提高羊舍内的温度，解决北方冬季寒冷的问题。

(2)羊舍的湿度　羊喜欢清洁干燥的环境，羊舍应该保持干燥，舍内的相对湿度保持在50%～70%为宜。多雨潮湿地区推荐选用楼式羊舍或高床羊舍。

22 羊舍如何通风换气？

(1)通风换气的方式　通风换气是控制羊舍环境的重要手段。通风换气的方式取决于羊舍的保暖性能、舍内的湿度和卫生条件等。通常包括自然通风和机械通风2种方式。

①自然通风　自然通风主要通过开启门窗和安装通风管道实现通风换气。自然通风比较经济，但受季节、风向和风速的影响。

在冬暖夏热的地区，宜采取全开放式畜舍有利于自然通风。在冬冷夏热地区，采用半开放式羊舍、暖棚羊舍或有窗封闭式羊舍，基本可以有效解决夏季的通风换气；但是冬季气温低于－14～－12℃的地区，舍内外空气温度差异较大，换气使舍内气温骤然下降，无法将舍内潮湿污浊的空气排出，羊舍的自然通风形式多采用通风管道解决通风换气和夏季防暑降温、冬季防寒保温的问题。

通风管道由垂直设在屋脊两侧的排气管和水平设在纵墙上部的进气管所组成。一般进气口的断面积多采用(20×20)厘米^2～(25×25)厘米^2。舍外端应向下弯，以防止冷空气或雨雪侵入。舍内端应有调节板，以调节气流的方向，从而防止冷空气直接吹到畜体，并用以调节气流的大小和关闭。进气管彼此之间的距离一般为2～4米。排气管的断面积为(50×50)厘米^2～(70×70)厘米^2。两个排气管的距离8～12米。排气管的高度一般采用4～6米，排气管必须备结构严密、管壁光滑、保温性好等。

但是在炎热地区，尤其在夏天，由于气温高，太阳辐射强，通风不足甚至无风时，仅靠自然通风就达不到效果，因此应选择机械通风。

②机械通风　机械通风属于强制通风，不受自然条件的影响。利用羊舍内安装的机械驱动舍内空气产生气流，实现通风换气的方式。通常机械通风分为负压通风（排风）、正压通风（送风）和联合式通风（送风和排风结合）三种方式。

负压通风　负压通风就是安装排风扇，利用风机抽出羊舍内的污浊空气，减小舍内空气压力、舍外的新鲜空气通过进气口或进气管流入舍内而实现通风换气。负压通风具有比较简单，投资少、管理费用也较低的特点。根据风机安装的位置分为：屋顶排风、侧壁排风、穿堂风排风等几种形式。屋顶排风适用于气候温暖和较热地区、跨度在12米以内的羊舍；侧壁排风适用于跨度在20米以内的羊舍，对两侧有粪沟的双列头对头的羊舍最适用，但不适于多风地区；穿堂风排风适用于跨度小于10米的羊舍，如果采用两山墙对流通风，通风距离不应超过20米，在多风、寒冷地区不适用。

正压通风　正压通风就是安装风机，通过风机的运转将舍外的新鲜空气强制送入舍内、增加舍内空气压力，舍内的污浊空气经风口或风管自然排走而实现通风换气。正压通风可对进入舍内的空气进行加热或冷却或过滤等预处理，从而可有效地保证畜舍内的适宜温湿状况和清洁的空气环境。在寒冷、炎热地区适用。但这种通风方式比较复杂、造价高、管理费用也大。根据风机安装的位置可分为：侧壁与屋顶送风等形式。侧壁送风适用于炎热地区，并且限于前后墙的距离不超过10米的小跨度羊舍；两侧送风适用于大跨度羊舍，但如果实行供热、冷却、空气过滤等，由于进气口分散，不论设备、管理，还是能源利用都不经济。屋顶送风适用于多风地区，设备投资大、管理麻烦。此外，供热、冷却、空气过滤也不经济。

联合式通风　它是送风和排风结合的方式。大型封闭舍，尤其是无窗舍需要采取联合式机械通风。温暖和较热地区，风机的进气口设在较低处，有助于通风降温；寒冷地区或炎热地区，风机的进气口设在羊舍上部，可避免在寒冷季节冷空气直接吹向羊体，也便于预热、冷却和过滤空气。一般跨度小于12米的羊舍可采用横向负压通风，但是舍内气流分别不均匀，气流许多偏慢，死角多，换气质量不高。跨度大于12米的羊舍可以采用纵向负压通风，提高换气质量，但是不能兼作冬季换气用。采用无通风管道或通风管道较短的羊舍通常选用轴流式风机；离心式风机通常用于向羊舍送热风和送冷风时使用。

（2）通风量　羊舍总通风量采用二氧化碳或水汽或热量计算换气量。公羊、母羊、断奶后及去势后的小羊舍换气量夏季45米^3/（小时·头）、冬季15米^3/（小时·头），产仔间暖棚换气量夏季50米^3/（小时·头）、冬季15米^3/（小时·头），一般以夏季通风量为依据。采用机械通风的羊舍可根据夏季通风量参数×舍内最大容纳头数来计算畜舍总通风量，增加10%～15%损耗即为风机总风量。根据风机总风量选定风机的功率，最后确定风机的数量。

23 如何控制羊舍的采光？

羊舍的采光分自然光照和人工光照两种，开放式、半开放式及有窗羊舍主要靠自然采光，必要时辅以人工光照，而无窗式羊舍则需完全靠人工照明。羊舍的窗户面积、入射角和透光角是影响畜舍自然采光的主要因素。羊舍光照入射角要求大于25°，透光角不小于5°。成年羊舍的采光系数(窗户有效采光面积与羊舍内地面面积之比)1∶(1∶25)，成年羊舍为1∶(15～20)；母羊、断奶羊和产羔室，舍内中央地面10厘米处的照度为10勒克斯、舍外10～20米外的照度为2 000勒克斯；公母羊舍的光照时间保持8～10小时，妊娠母羊舍的光照时间保持16～18小时。

24 如何控制羊舍的饲养密度？

羊舍的饲养密度取决于羊舍的面积、圈舍类型、饲养管理方式和每只羊的占地面积。各类羊只的占地面积为：单饲种公羊3.5～4米²/只，群饲种公羊1.5～2米²/只，后备公羊1～2米²/只；空怀母羊1米²/只，妊娠后期和哺乳母羊1.5～2米²/只，后备母羊0.8～1米²/只；断奶羔羊0.2～0.3米²/只，商品肥羔(当年羔)0.6～0.8米²/只。舍饲山羊运动场的面积不少于羊舍面积的3倍。

25 肉羊养殖场包括哪些饲养管理基本设施和设备？

根据肉羊生产特点，建设羊舍时要求羊舍达到最佳生产的环境，同时还应该配套必要的生产设施和设备，以提高肉羊的生产水平，获取更大的生产效益和经济效益。

(1)饲养管理设施　肉羊养殖场要求具备一套比较完善的饲养管理设施，如饲喂和饮水设备、饲料生产设备、饲料贮存设备和饲料加工设备等。满足肉羊养殖场日常饲养管理操作的需求，提高生产效益。

(2)生产管理设施　肉羊养殖场应该具备一套比较完善的生产管理设施，如分群栏、羊笼等设备，消毒和防疫设施，如羊病诊断治疗设备、消毒设备、粪污处理设备等。满足肉羊养殖场日常生产管理操作的需求，提高生产效益。

26 怎样配备肉羊养殖场的饮水设备?

羊舍的饮水设备通常采用饮水槽(自动饮水器)。饮水槽一般固定在羊舍或运动场上,可用镀锌铁皮制成,也可用砖、水泥制成。饮水槽上宽 25 厘米,下宽 20～22 厘米,垂直深 20 厘米,槽底距地面 20～30 厘米。长度一般 0.8～1.5 米。在其一侧下部设置排水口,以便清洗水槽,保证饮水卫生。水槽高度以羊方便饮水为宜。也可将自动饮水器设置在羊舍饲槽上方,使羊抬头就能饮水。

27 怎样配备肉羊养殖场的草架和饲槽?

草架和饲槽是肉羊采食饲草和补料的设备,肉羊养殖场配备的草架和饲槽按建造方式和用途可分为移动式、悬挂式、固定式草架和移动式、悬挂式、固定式饲槽,以及草料结合的槽架。

(1)草架　草架的形式和制作的材质较多,用竹片、木条、钢筋、三角铁等材料做成的栅栏或草架供羊舍移动、悬挂和固定使用。使用草架饲喂肉羊可有效避免羊只践踏而污染饲草,减少饲草浪费和羊只感染寄生虫病的机会。移动式草架可放置在圈舍或运动场灵活使用;悬挂式草架可以固定于墙上,便于补饲干草;靠墙固定的单面草架如图 1-4 所示。草架长度设置以饲养的羊只数而定,按照成年羊每只 30～50 厘米,羔羊 20～30 厘米。草架隔栏间距以羊头能伸入栏内采食为宜,一般 15～20 厘米。

(2)饲槽　固定饲槽常用砖、石、水泥等砌成,槽壁光滑。槽口上宽 28～30 厘米、下宽 22～24 厘米、深 20～25 厘米,饲槽底为圆弧形。饲槽长度设计以饲养的羊只数而定,一般按照每只大羊 30 厘米,羔羊 20 厘米。移动式饲槽可用木板或铁皮制作,一般长 1.5～2 米、高 20～23 厘米、上宽 35 厘米、下宽 30 厘米。悬挂式饲槽主要用于断奶羔羊补饲,目的是为了防止羔羊攀踏、抢食翻槽,而将长条形小饲槽悬挂于羊舍补饲栏上方,高度以方便羔羊吃料为原则。

羊舍内必须设置饲草架和料槽,运动场内也应该设置固定式或移动式草料架,如图 1-5 所示。舍饲养羊主要利用圈内饲槽和草架,因此可适当缩短运动场内的固定式或移动式草料架的长度。

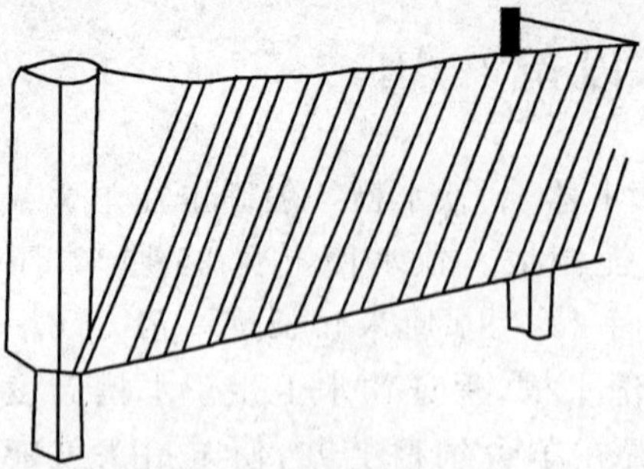

图 1-4　靠墙固定单面草架

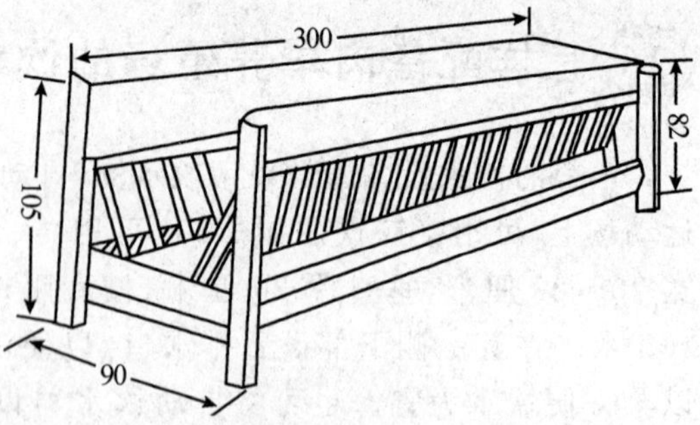

图 1-5　草料联合饲架(单位:厘米)

28 怎样配备肉羊养殖场的干草房和青贮设备?

(1)干草房　肉羊养殖场必须配备适量的干草房或堆草圈用于贮藏干草。按照每只羊贮藏 150～200 千克青干草,根据养殖场饲养的山羊数来设计干草房的数量和房间的大小。

(2)青贮设备　青贮设备主要包括青贮塔、青贮窖和青贮壕三种。(也有部分农户养羊用青贮袋制作青贮饲料的。)青贮设施的形状和大小按照羊只数量、饲养方式来确定。1 米^{3}青贮窖或青贮塔可贮青玉米秸秆 450～750 千克。根据饲养的山羊数和补饲量来确定窖或塔的容积。

①青贮塔　青贮塔分为全塔式和半塔式两种。全塔式直径 4～6 米,高 6～16 米;半塔式埋在地下深度 3～3.5 米,地上部分 4～10 米。建造方法一般用砖或石头砌成。内壁用水泥抹平,底部呈锅底形。塔壁要求有足够的强度,表面光滑,不透水、不透气。青贮塔的青贮料损失较少,但建造费用高,仅限大型羊场使用。

②青贮窖　青贮窖分为地下式和半地下式两种。地下式青贮窖适用地下水位低的地区,一般要求窖底应高出地下水位 0.5～1 米。选好窖址,挖成圆形(或其他形状)坑,直径 2～3 米,深 3～4 米,窖形和大小可以调整。窖壁要求光滑,平整,防止窖壁未干而进行青贮。因其建造简单,成本低,易推广,适合于农户建造。但不便于机械操作,近年来普遍采用塑料薄膜垫衬窖的底部和四周,减少青贮料的损失。

③青贮壕　青贮壕的建造与青贮窖相同。近年大型羊场采用地上式青贮墙代替青贮壕,用大型机具操作填压,厚塑料膜加盖,效果好,使用极方便。一般计算青贮窖塔、窖、壕的容积以 1 米^{3}容 500 千克来计算贮存量。

④青贮袋　青贮袋是采用特制塑料大袋，一般袋长可达 36.5 米，直径 2.7 米，使用两层帘子线增大强度、结实性。为贮用方便，袋长度可以灵活剪接，国外有厚 0.2 毫米、直径 2.4 米的聚乙烯塑膜圆筒袋。青贮袋的青贮料损失少，成本低，使用方便。

29 怎样配备肉羊养殖场的多用途栅栏？

肉羊场常设置颈架、栅栏等设备进行日常饲养管理。如采用简易木制颈架或钢筋焊接颈架，并用活动铁框，让羊只进入饲槽铁栏后，放下活动铁框卡住羊颈，达到固定目的。目前肉羊养殖场常配备一些多用途的栅栏，如活动母仔栏、活动式羔羊补饲栅等，便于日常饲养管理操作，如图 1-6、图 1-7 所示。

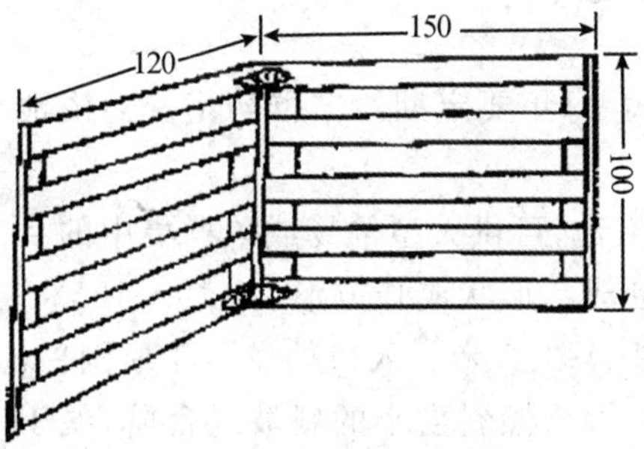

图 1-6　木制栅栏示意图(单位:厘米)

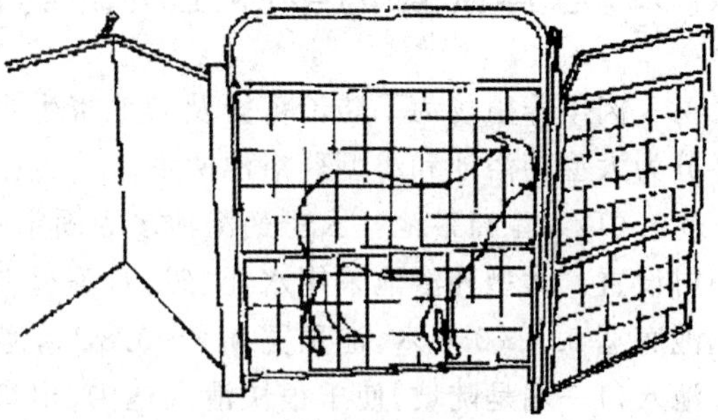

图 1-7　活动式羊栏示意图

活动母仔栏主要用于母羊产羔或弱羊的隔离，一般采用两块木制栅板，以合页或铰链连接而成。活动母仔栏放置于羊舍角，摆成直角并固定于羊舍墙壁，围成 1.2 米×1.5 米的母仔间，供 1 只母羊及其羔羊单独用或隔离病弱羊只。

活动式羔羊补饲栅主要用作羔羊补饲栅栏或饲槽用。用多个栅栏、栅板或网栏在羊舍或补饲场靠墙处围成一个围栏，栏间设一个栅门，门的大小以大母羊不能进入，羔羊可自由出入为宜。在活动栅栏内设放补饲槽即可对羔羊进行补饲料草。

30 怎样配备肉羊养殖场的分群栏？

肉羊养殖场配备分群栏是为了提高劳动生产效率，大中型羊场在正常生产中要定期进行羊只鉴定、分群、防疫注射、药浴、驱虫等工作，设置分群栏可以方便日常的操作工作。分群栏可采用钢管、铁板建造成栅栏式，也可部分设置成砖墙结构；活动门用铁框或铁板，便于灵活搬动。通道的宽度以羊体宽度为准，允许羊只自由单行，但是不能转身。通道长度视羊场规模、组群大小而定。

31 怎样配备肉羊养殖场的羊笼和磅秤？

肉羊养殖场配备羊笼和磅秤是用于羊只的称重。为了及时掌握肉羊饲养效果，肉羊养殖场必须定时称重。通常可以设置地秤称量羊只体重。为方便羊只称重操作，磅秤上可装置木制或铁制的羊笼。羊笼的尺寸为长1.4米、宽0.6米、高1.0米，呈长方形，两端有活动门开关，供羊只进出。羊笼最好与分群栏结合配制，用时可放置分群栏长通道处，使用更方便。

32 怎样配备肉羊养殖场的药浴池？

肉羊养殖场为了防治疥癣及其他寄生虫病，每年要定期给羊群药浴。药浴池分为大型药浴池和小型药浴池两种。

(1)大型药浴池　大型药浴池多为固定式浴池，可供大型羊场或羊群集中的乡村设置。大型药浴池采用水泥、砖、石等材料砌成。形状成长方形，长10～12米，池底宽0.4～0.6米，池顶宽0.6～0.8米，池深1～1.2米。入口处设漏斗形围栏，池入口一端是陡坡，使羊很快滑入池中，出口一端为倾斜度小的斜坡或台阶，便于羊只走上台阶，并设置滴流台，如图1-8所示。

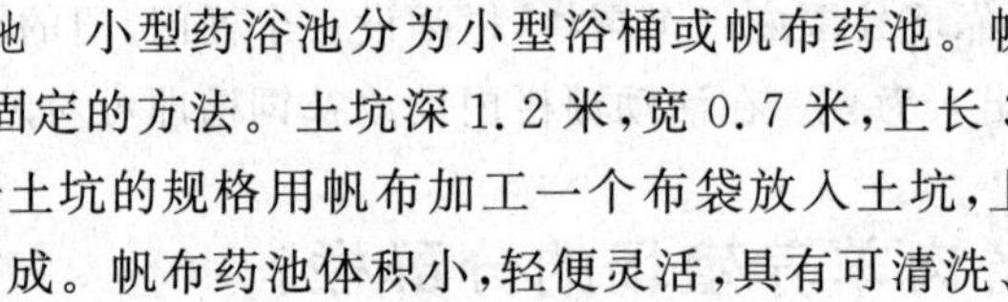

图1-8　大型羊药池构造示意图

(2)小型药浴池　小型药浴池分为小型浴桶或帆布药池。帆布药池采用挖地下土坑，再放帆布固定的方法。土坑深1.2米，宽0.7米，上长3米，下长2米，呈直角梯形状。根据土坑的规格用帆布加工一个布袋放入土坑，上端周边用套环固定于铁钉或木桩即成。帆布药池体积小，轻便灵活，具有可清洗、晾晒，可移动重复使用的特点，适合小型羊场和肉羊养殖户使用。

33 肉羊养殖场应具备的其他机械设备有哪些？

饲养肉羊要达到优质、高效、规模化养羊生产，配置必要的养羊机械，方可提高劳动效率，降低生产成本。

(1)切草机　切草机分为小型、中型、大型三种。小型切草机适合农户采用，用于切短麦秸、稻草和青草、干草类饲草。中型切草机又叫青贮料切草机。按照切割部件不同，分为滚刀式切碎机、圆盘式切碎机两种。

(2)饲料粉碎机　常用的饲料粉碎机分为锤片式和齿抓式粉碎机两种。

(3)颗粒饲料机　颗粒饲料机把粉状饲料按照比例配合，经机器压制，形成柱状，经机刀切割成颗粒。羊场多采用，也便于贮藏运输，饲料营养成分全面，分布均匀，减少浪费。我国颗粒饲料机种类多，一般分成齿轮圆柱孔式、螺旋式、立轴平模式、卧轴环模式。

34 肉羊养殖场的粪污处理方法主要有哪些？

(1)粪水沟　采用手工清除及粪水流动排出污水和粪尿。由排尿沟、降口、地下排出管和粪水池构成。

(2)排尿沟　设于羊栏后端，紧靠降粪便道，至降口有1%～1.5%坡度。降口是连接排尿沟和地下排水管的小井，在降口下部设沉淀井，可以沉淀粪水中的固形物，防止堵塞管道。降口上盖铁网，防粪草落入。地下排出管与粪水池有3%～5%坡度。粪水池的大小要求能够满足贮存20～30天的粪水尿液，选址要求离饮水井100米以外。

(3)漏缝地板式排水设施　漏缝地板式排水设施可提高劳动生产率，节省人力。漏缝地板排水设施通常可以采用钢筋混凝土或竹木板制成，不仅设于粪沟之上，也可以用于羊床，多采用拼接式，便于清扫和消毒。大型羊场可用机械刮板或高压水冲洗。

35 如何建设规模化肉羊养殖场？

随着肉羊养殖业的不断发展，以放牧为主的饲养方式和传统的饲草饲料加工利用方法已不能适应低排放、高效益、产业化的现代化畜牧养殖要求。目前，我国正在推广适度规模化肉羊舍饲养殖配套技术，并取得了良好的效果。

修建适度规模化肉羊养殖场应该遵循相关标准的规定选址建场，根据养殖规模确定规划羊场的整体布局，参考图1-1。规模化羊场羊舍推荐有窗双列羊舍，采用高床饲养，修建运动场，配备饲养管理常规设施和设备，羊舍之间、生产区外周建立绿化隔离、防疫带或围墙，如图1-9至图1-17所示。

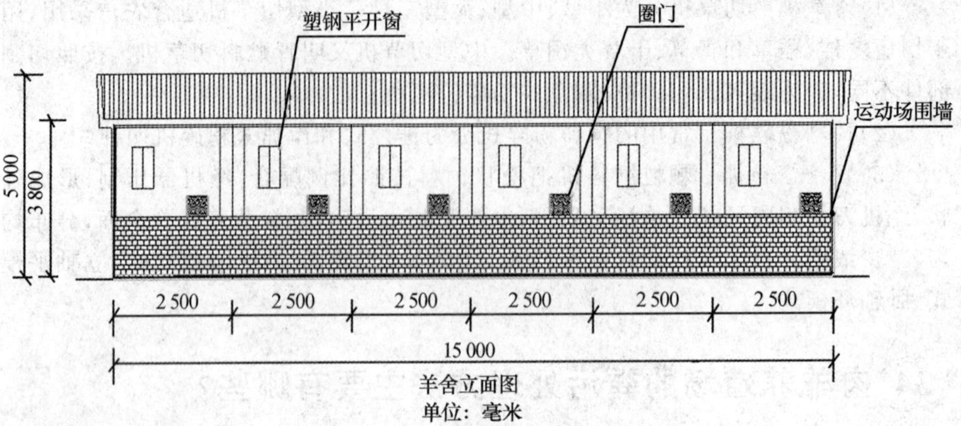

图 1-9　有窗双列羊舍立面图

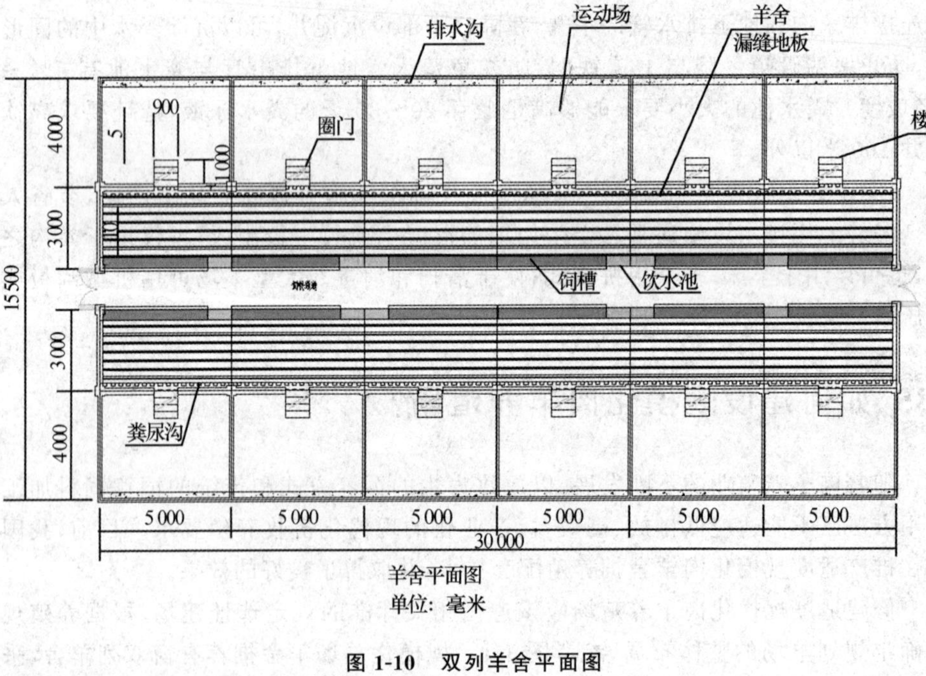

图 1-10　双列羊舍平面图

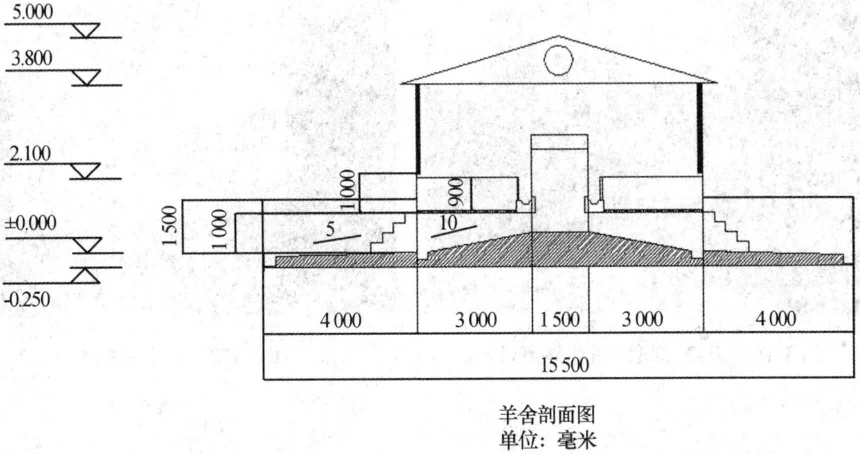

图 1-11　双列羊舍剖面图

图 1-12　双列羊舍

图 1-13　羊舍运动场

图 1-14　漏缝地板

图 1-15　固定饲槽

图 1-16　道路、绿化、围墙隔离带

图 1-17　大门消毒池

二、肉羊的品种与选育

36 肉用羊的主要品种有哪些？

肉用羊品种繁多，不同品种的性能差异很大、在生产中的用途各不相同，可以用于选育，也可以用于杂交利用，还可直接用于羊肉生产。通常肉用羊品种包括肉用山羊和肉用绵羊两大类。

(1)肉用山羊品种　肉用山羊品种主要包括地方品种、引进品种和新培育品种三类。

①地方肉用山羊品种　我国有大量的优良地方肉用山羊品种，如原产于四川省的南江黄羊、金堂黑山羊、北川白山羊、成都麻羊、建昌黑山羊、简阳大耳羊(图2-1)、川东白山羊，以及湘西和鄂西的马头山羊、贵州白山羊、云南龙陵山羊、广东的雷州山羊、福建的福清山羊、广西都安山羊、江苏海门山羊等。我国的肉用山羊地方品种普遍具有适应性强、繁殖力高的特点，但是在生长速度和肉用性能方面还是比不上引进品种和培育品种。因此，还需要进一步选育、提高生产性能，选择地方品种母羊与引进品种或培养的品种进行杂交优势利用，产生商品肉羊，大幅提高商品肉羊的生产性能和经济效益。

图 2-1　简阳大耳羊(公\母)

②引进品种　我国引入的唯一一个优良肉用山羊品种是波尔山羊(图 2-2)。波尔山羊是目前世界上最著名的肉用山羊品,原产于南非、外貌特征明显、生长速度快、繁殖率高,现在广泛分布于新西兰、澳大利亚、美国、德国、加拿大。波尔山羊的典型外貌是体躯为白色、头颈和耳朵为红色、前额和鼻梁有条宽的白色毛带、头部色素沉着明显。额部突出,鼻呈鹰钩状,角坚实、长短适中,耳宽下垂,背腰平直,胸宽深,呈典型肉用品种的圆桶形体型。皮肤松软有皱褶、被毛细短而有光泽,有少量绒毛。四肢强健、大腿和臀部丰满。公羊体态雄壮,睾丸发育良好。母羊外貌清秀,乳房发育良好。初配年龄 10 月龄以上,发情周期 19～21 天,妊娠期 144～153 天,初产母羊产羔率 150%,经产母羊 190%～200%,最高可达 225%。羔羊初生体重公羊 4.15 千克,母羊 3.65 千克。12～18 月龄体重公羊 45～70 千克,母羊 40～55 千克;成年体重公羊 80～100 千克,母羊 60～75 千克。平均屠宰率 48.3%,有的高达 56.2%。波尔山羊常年发情,一年产两胎或两年产三胎。适合放牧和羊舍饲养。从不同国家引进的波尔山羊品种的生产性能差异较大,引种时应特别注意生产性能指标的选择。我国从 1995 年开始引种,经过多年的选育和杂交利用,已经显示出非常广泛的适应性和明显的杂交改良效果。因此,波尔山羊主要是用于我国肉羊山羊地方品种的杂交利用。

图 2-2　波尔山羊

③新培育品种　南江黄羊(图 2-3)是我国自己培育的唯一一个肉用山羊品种,是我国山羊品种中肉用性能最好的品种。选用四川省南江县当地的山羊为母本,经过 30 多年有计划地复育杂交而成的新品种。南江黄羊适应性强,既适应北方亚热带气候,特别是北方多雨、潮湿的山区,又适应北方部分半湿润气候地区,具有很好的生态适应性。南江黄羊主要分布在四川省南江县、通江县及邻近地区。典型

的南江黄羊全身被毛黄色，毛短、富有光泽，从枕部沿背脊有一条黑色毛带，十字部后变浅。头大小适中，耳长直或微垂，鼻微拱，公母羊均有毛髯。背腰平直，四肢粗壮，体躯各部结构良好，呈圆桶形。南江黄羊性成熟早，3～5月龄初次发情，母羊初配配种6～8月龄、体重25千克以上，公羊12～18月龄、体重35千克以上。发情周期17～21天，妊娠期145～151天，初产母羊产羔率150%，经产母羊190%～200%，最高可达225%。群体产羔率初产母羊154.17%，经产母羊205.35%，高繁系初产173.33%，经产232.78%。羔羊初生体重公羊2.28千克，母羊2.18千克；双月断奶体重公羊12千克，母羊10千克；周岁体重公羊35千克，母羊28千克；成年体重公羊60千克，母羊42千克。周岁胴体重公羊14.32千克，母羊13.46千克；周岁屠宰率公羊47.62%，母羊48.26%；周岁净肉率公羊37.65%，母羊37.40%。南江黄羊常年发情，一年产两胎，部分两年产三胎。适应性强，对饲养管理条件要求不高，适合放牧。

图2-3　南江黄羊(公\母)

目前，我国广泛选用南江黄羊公羊对全国各地的地方母羊进行杂交改良，并且取得了非常显著的效果。南江黄羊的培养和推广，对我国肉用山羊的发展发挥了重要的推动作用。

(2)肉用绵羊品种　肉用绵羊品种主要包括地方品种和引进品种。

①地方肉用绵羊品种　我国地方绵羊品种中有很多肉、脂性能较好的品种。如粗毛羊中的小尾寒羊、阿勒泰羊、乌珠穆沁羊和半粗毛羊品种中大尾寒羊、同羊等。

小尾寒羊　小尾寒羊(图2-4)主要分布在河北南部、河南的东部及东北部、山东南部、安徽北部、江苏北部。小尾寒羊体质结实，鼻梁隆起，耳大下垂，公羊有大的螺旋形角、母羊有小角、姜角。公羊前胸宽深，耆甲高，背腰平直，体躯高大，体躯似长方形，四肢粗壮，尾部呈椭圆形，下端有纵沟，脂尾小，尾长不超过飞节。被毛多为白色,少数羊只在头部和四肢有黑褐色斑点或斑块。母羊成年体重公羊94.1千克,母羊48.7千克;胴体重40.48千克,屠宰率55.6%,净肉率82.53%;周岁公羊体重72.8千克,屠宰率55.6%。小尾寒羊常年发情,性成熟早,当年可产羔,产羔率177.69%(河北)、261%(山东)。小尾寒羊产肉性能和繁殖性能高,主要作为肉用绵羊生产中开展经济杂交的杂交母本,用于生产商品肉用绵羊。

大尾寒羊 大尾寒羊(图2-5)主要分布在河北东南部、山东西部聊城及河南中部密县。大尾寒羊的脂尾大,垂至飞节下。羊毛品种相对较好,绒毛比例大。成年体重公羊72千克,母羊52千克;脂尾重公羊15~20千克,母羊4~6千克。成年羊屠宰率62%~69%。大尾寒羊常年发情,产羔率185%~205%。

图2-4 小尾寒羊

图2-5 大尾寒羊

阿勒泰羊 阿勒泰羊(图2-6)主要分布在新疆阿勒泰地区的福海、富蕴、青河等地。阿勒泰羊体型大、四肢刚劲有力、肌肉发达,肉、脂产量高,大脂尾可达10千克以上。成年体重公羊93千克,母羊67.6千克。5月龄羔羊平均体重36.3千克,屠宰率52.60%;成年羯羊屠宰率50.83%~52.88%。阿勒泰羊抓膘育肥快、羔羊生长发育快、经济早熟、屠宰率高、肉质鲜嫩、无膻味,抗严寒、耐暑热、抗病力强,适宜放牧饲养。

乌珠穆沁羊 乌珠穆沁羊(图2-7)主要分布在内蒙古锡林郭勒盟东部的乌珠穆沁草原。乌珠穆沁羊体格较大,体质结实。头大小中等,额稍宽,鼻梁微凸,公羊有角或无角,母羊多无角。颈中等长,体躯宽而深,胸围较大,背腰宽平,体躯较长,后躯发育良好,肉用体型比较明显。四肢粗壮。尾肥大,尾宽稍大于尾长,尾中部有一纵沟,稍向上弯曲。毛色以黑头羊居多,头或颈部黑色者约占62.0%,全身白色者占10.0%。成年体重公羊74.23千克,母羊58.4千克;母羊产羔率100.35%,屠宰率50.14%,脂尾重3~5千克。6月龄羯羊平均体重36.3千克,屠宰率49.70%。乌珠穆沁羊生长发育快、成熟早、肉脂产量高、肉质细嫩、适应性强，适于天然草场四季大群放牧饲养、利用牧草生长旺期，开展放牧育肥或有计划地肥羔生产。

图 2-6　阿勒泰羊

图 2-7　乌珠穆沁羊

同羊　同羊主要分布在陕西渭南、咸阳两地区北部各县。同羊被毛纯白，尾大如扇，包括长脂尾和短脂尾两个类型。中心产区的成年体重公羊 44 千克，母羊 39.16 千克。屠宰率 57.64%，肉质鲜美。通常一胎一羔，极少双羔。

②引入的肉用绵羊品种　我国引入的肉用绵羊品种主要包括原产于澳大利亚和新西兰的无角陶赛特羊，以及原产于法国的夏洛莱羊等。

无角陶赛特羊　无角陶赛特羊(图 2-8)体质结实，头短而宽，颈粗短，胸宽深，背腰平直，后驱丰满，四肢粗短，躯干呈圆桶形，被毛白色。无角陶赛特羊生长发育迅速，早熟，全年发情配种。无角陶赛特羊主要适用于我国肉用绵羊地方的杂交利用。

夏洛莱羊　夏洛莱羊(图 2-9)额宽、耳大，颈粗短，肩宽平，背部肌肉发达，胸宽深，肋部拱圆，身腰长，四肢较矮，姿势端正，躯体呈圆桶形，被毛白色，毛长 4.0～7.0 厘米。夏洛莱羊胴体品质好，瘦肉率高，屠宰率在 55%以上。夏洛莱羊主要适用于我国肉用绵羊地方的杂交利用。

图 2-8　无角陶塞特羊

图 2-9　夏洛莱羊

37 肉羊品种的选择指标有哪些？

肉羊品种的选择指标都是围绕提高肉用性能来制定的。通常包括生长发育性能、胴体性能、繁殖性能和经济效益等方面的选择指标。

(1)生长发育性能　生长发育性能指标包括初生重、断奶重、6月龄重、12月龄重、18月龄体重及外貌评分，各年龄阶段的体尺性状。这些指标可以反映出某一年龄阶段或者某一段时间内肉羊品种生长发育的累积结果或增加量，主要用于评价某一年龄阶段或某一段时间内肉羊体重和生长发育的情况。商品肉羊常用育肥开始、育肥结束及屠宰时的体重和日增重等指标反映肉羊品种的肥育性能的高低。

(2)胴体性能　胴体性能指标包括胴体产量和胴体品质两方面的指标。

①胴体产量　胴体产量是反映肉羊品种肉用性能的重要指标，主要包括胴体重、屠宰率、净肉率、背膘厚、眼肌面积等屠宰性状。

②胴体品质　胴体品质是反映肉羊品种肉质好坏的综合指标，主要包括鲜肉的肉色、大理石花纹结构、pH、肌内脂肪含量、脂肪的色泽和硬度、熟肉率、嫩度、系水力、肉味、风味等指标。一般情况下，山羊品种的皮下脂肪和肌间脂肪含量比绵羊品种少。因此，山羊肉的膻味比较重，口感不如绵羊肉。肉羊的胴体品质受品种、年龄、性别、饲料、屠宰后保存和加工方法等因素的影响。

(3)繁殖性能　繁殖性能是影响肉羊品种生产效率的重要指标，主要包括母羊的初情期、性成熟、初配年龄、配种率、受胎率、产羔率、成活率、产羔间隔以及公羊的睾丸围、精液产量和各项精液品质指标等。

(4)经济效益　经济效益是影响肉羊生产的重要经济指标，主要包括肉羊品种的早熟性和饲料转化率。早熟性反映肉羊品种能够经济利用的发育成熟度，肉羊品种成熟越早、则肉羊的产肉效率越高，羔羊的肉质和经济效益越好。饲料转化效率反映肉羊生产中，单位重量的产品(活体增重)所消耗的饲料量。这个指标受到品种和环境的双重影响，是影响肉羊生产经济效益的重要因素。

38 怎样确定引种肉羊品种？

肉羊养殖场选择肉羊品种时，在考虑肉羊品种对当地环境和生产条件的适应性基础上，重点选择肉羊品种的繁殖率、肉羊品种的生长速度和产肉性能三项生产性能指标。

(1)肉羊品种的适应性　肉羊品种的适应性反映肉羊在一定环境中生存和生

产的能力，主要表现在抗病力、对气候和饲料条件的反应力等。肉羊生产受自然条件的影响较大，自然条件和生产环境的好坏直接影响肉羊生产的方式和生产水平，自然条件和生产环境条件较差，将降低肉羊的成活率和繁殖率，给肉羊的生产效率和经济效益带来重大损失。因此，选择肉羊品种时，应注重肉羊品种的适应性选择，既有利于保证生产性能，又有利于肉羊品种的推广利用。

(2)肉羊品种的繁殖率　肉羊品种的繁殖率是反映肉羊生产性能高低的重要综合性指标，主要表现在繁殖季节性、性成熟年龄、排卵率、公羊的繁殖力、受胎率、难产率、胚胎早期死亡率、产羔率、断奶成活率、母羊的母性和泌乳力、产羔间隔等繁殖指标。其中产羔率和产羔间隔是反映肉羊品种繁殖率的重要指标，而产羔率和产羔间隔以及母羊的泌乳力将决定母羊的终生生产的断奶羔羊重和母羊每年生产的断奶羔羊重，而母羊的终生生产的断奶羔羊重和母羊每年生产的断奶羔羊重这两个指标直接影响肉羊生产的经济效益。母羊的产羔率越高、产羔间隔越短、泌乳力越高，排除其他影响因素，则一只母羊每年获得的断奶羔羊重越大、母羊终生生产的断奶羔羊重越大，一只母羊产生的经济效益越高。不同品种的产羔率差别很大，因此选择好品种是关键。产羔间隔主要取决于产后的第一次发情的早晚，时间越早则产羔间隔越短。正常情况下，母羊产后或泌乳期都有一段时间不发情和排卵，即休情期。休情期的时间长短受肉羊品种、季节、营养状态、哺乳、羔羊数量和母羊产后情况影响。母羊的泌乳力高低主要受肉羊品种和母羊饲养管理的影响，选择好品种、加强母羊的饲养管理，有利于提高母羊的泌乳力、缩短产羔间隔。因此，选择肉羊品种时，应该注重肉羊品种的繁殖性能选择，既有利于保证繁殖性能，又有利于提高肉羊品种的生产性能。

(3)肉羊品种的生长速度　肉羊品种的生长速度是反映肉羊生产性能高低的重要指标，主要表现在不同日龄的体重和日增重等指标。其中，生长速度包括断奶前的生长速度和断奶后的生长速度。断奶前的生长速度的快慢主要受肉羊品种的遗传潜力和母羊的泌乳力的影响。而断奶后的生长速度除了受品种的影响外，主要受饲养管理的影响。生产中，常用不同日龄的日增重作为评价肉羊生长速度的重要指标。不同品种的生长速度差异很大，尤其是断奶后的生长速度差异更大。建议选择周岁内体重达到成年体重60%左右的品种。

(4)产肉性能　肉羊品种的产肉性能是肉羊养殖的关键指标，主要表现在胴体重和屠宰率等指标。产肉性能好的品种，屠宰率应该达到50%左右。选择好品种、加强母羊的饲养管理和羔羊的饲养管理是提高肉羊生产性能的重要保证。因此，选择肉羊品种时，应注重肉羊品种的早期生长速度、日增重、胴体重和屠宰率的选择，既有利于提高生产性能，又有利于提高肉羊生产的生产效益和经济效益。

39 怎样选择肉用种羊？

确定肉羊种羊品种后，还必须严格选择优良的肉用种公羊和种母羊个体，以保证肉用商品羊的生产性能和经济效益。备选肉用种羊个体应具有肉用羊体质外貌特点：躯体应呈长方形，背线平直，前胸要宽且深厚，胸围要大，后躯臀部长，宽而稍有倾斜，乳镜低而宽，大腿肌肉丰满而结实。四肢中等长，但要开张，系部坚强有力，被毛光滑色泽好，皮肤松软并有韧性。

(1)肉羊种公羊的选择　肉羊种公羊的品种是影响肉羊生产效益和经济效益的重要因素。通常通过系谱选择、个体选择和后裔选择三种手段选择肉用种公羊。

①系谱选择　选择种公羊时，首先通过查阅系谱资料，比较亲代的生产成绩，判断备选种公羊的产肉力、繁殖力等主要生产性能的高低。如果祖代和亲代的主要生产性能都很好，就证明这些性状的遗传力较稳定，备选种公羊优秀。同时，还可以通过系谱鉴定，排除有遗传缺陷的个体，对候选公羊进行早期选择，如羔羊断奶时通常以系谱选择为主。

②个体选择　在羔羊断奶后选择种公羊时，主要加强备选个体的体质外貌、生长发育和日增重、饲料转化率等指标的选择。根据品种标准对备选个体的体质外貌、生长发育的指标进行比较，选择体质外貌符合品种标准、生长发育快、日增重大、饲料转化率高的备选种公羊留作种用。

③后裔选择　羔羊断奶后，对于一些备选种公羊自身不能表现出来的性质，如泌乳力、产肉力、产羔率等指标，通常采用后裔选择法进行种公羊的选择。即直接根据备选种公羊后代的成绩评定种公羊的好坏，这是选择种公羊的可靠方法。采用后裔选择确定备选种公羊选留的具体方法包括母女对比法(用母亲与女儿同一年龄时期的资料进行对比)和同龄后代对比法(用备选种公羊同一年龄时期的后代的资料进行对比)两种。前者由于母、女同龄资料产生于不同年度，因此存在饲养水平的差异。后者可以消除年度间或年龄上的差异影响，但因同龄后代来源于不同母羊的因素，存在不同母羊品质的差异。为了减小误差、提高选种准确性，尽量选择2～4岁的母羊相对集中配种；保持每头后裔测定的公羊随机选配30～50只母羊；配种母羊和后裔羊群同群饲养；做好配种、产羔及生长发育记录的记载。

(2)肉用种母羊的选择　肉用种母羊对商品肉羊生产影响最大的是繁殖性状，肉羊种母羊的优劣是影响肉羊生产效益和经济效益的重要因素。选择肉用种母羊时，可以通过系谱选择、个体选择和后裔测定三种手段进行。

首先通过早期的系谱选择淘汰有遗传缺陷和生产性能尤其是繁殖性能低下的个体；其次结合备选母羊自身的体质外貌及生长发育指标选择符合品种外貌特点、母性特征明显的个体；另外，还可以通过后裔测定直接选择繁殖性能和生产性能高的个体留种。肉用种母羊的选择，除了要求符合品种标准外，重点选择繁殖性能优秀的个体。如我国大部分地区广泛应用的杂交母本品种波尔山羊、南江黄羊等肉用种母羊的选择都是重点选择产羔率大、羔羊日增重大、母羊哺育力大的个体，这样有利于提高商品肉羊生产的繁殖力和生产力。

(3)羔羊的选择　羔羊的选择主要通过系统选择和个体选择两种手段进行。肉羊养殖场在选留羔羊时，首先进行系谱选择，优先选留亲代生产性能好的后代，淘汰有遗传缺陷个体的后代；其次进行个体选择，主要根据体质外貌和早期的生长发育指标进行选择。优先选留初生重大，生长发育好，外貌好，体躯长，后躯方正，四肢及头部端正，耆甲高与尻高基本相等的个体。

40 怎样进行肉用种羊的选配？

选择好肉用种公羊和种母羊后，还需要针对公母羊品种的特点进行合理的选配，才能使肉用种公母羊的优良性状在商品肉羊生产中得以传递和发展，提高商品肉羊的生产效益和经济效益。种羊的选配通常包括同质选配和异质选配，选配又包括个体选配和群体选配。

(1)同质选配　同质选配就是将选出的优秀公羊与具有相同特点的优秀母羊交配，提高种羊的优秀品质、稳定遗传性能。通过几代的同质选配，可以明显地巩固和提高种羊的优良性状、增加种群的纯合度。对于一些个体间差异大的优良品种，如波尔山羊、南江黄羊等，在组建核心群时应该采用同质选配的方法扩大优良个体的数量。

(2)异质选配　异质选配就是选择具有不同优点的公母羊之间的交配，中和双亲的优良品质或者改良某一亲本的缺点，产生品质更加完善的优秀后代。通过几代的异质选配，将双亲的不同优良性状结合起来，或者改善母羊存在的某一缺点，产生性能优良的后代。异质选配要求选择具有不同优良性能的种公母羊进行选配，不能选择具有相反缺点的种公母羊配种；用于改良的异质选配，应选择更加优秀的种公羊对优秀种母羊的某一性能进行配种，确保后代的遗传性能良好。

(3)个体选配　个体选配就是为品质优秀、育种价值高的母羊选择品质优秀的种公羊。以产生生产性能优良的后代。

(4)群体选配　群体选配就是针对种母羊群体中的缺点，选择该性状特别优秀的种公羊进行交配，以便提高种群后代群体的品质。

41 怎样利用肉羊品种？

我国的肉用羊包括肉山羊和肉绵羊两大类，肉羊品种繁多、性能差异大，肉羊生产中的利用方式各不相同，对于我国现有的肉羊品种的利用主要采取以下几种利用方式：

(1)开展配套商品肉羊生产、充分利用杂交优势　我国有大量的优良地方优良肉山羊和肉绵羊品种，这些地方优良品种普遍具有适应性强、繁殖力高的特点，但是在生长速度和肉用性能方面比不上引进品种和培育品种。肉羊生产主要是通过杂交试验，筛选出适应当地肉羊生产的杂交组合，开展经济杂交，发挥配套商品肉羊的杂交优势，提高生产效益和经济效益。我国广泛地利用波尔山羊或我国培养的南江黄羊做杂交父本，与各地地方山羊为母本进行经济杂交，可以在充分利用本地品种资源优势的基础上实现肉羊生产效益的最大化。例如，四川省通过大量试验，推广以波尔山羊、南江黄羊为父本，四川当地的地方山羊为母本的高效杂交模式，杂种一代羊的初生重、十月龄体重分别比同龄本地羊显著提高，四月龄公羊屠宰率、净肉率分别达到46.45%、35.32%以上，比同龄本地羊公羊明显提高，杂种优势率5.71%以上。

(2)加强本地肉羊品种的选育、实现肉羊生产可持续发展　对于我国丰富的肉羊品种，除了开展经济杂交外，同时还要对地方良种进行本品种和杂交选育工作。在优良地方品种的主产区，划定一定的区域进行保种，并进行本品种选育，一方面巩固原有品种的优良特性，提高肉羊品种的品质，为杂交利用提供纯种；如我国优秀的地方肉用品种乐至黑山羊、金堂黑山羊、成都麻羊等，通过本品种选育，为肉山羊生产中的经济杂交利用提供繁殖力高的母本品种，通过经济杂交来提高肉山羊生产的经济效益。另一方面保留肉羊特有的品种资源，为肉羊生产的可持续发展提供资源保障，甚至有计划地培养肉羊新品种。

42 怎样进行肉用山羊的杂交改良？

肉用山羊的杂交改良工作起步较晚，但发展迅速。20多年来，我国引进了一批优良的山羊品种，同时也培育出了我国自己的肉羊山羊品种——南江黄羊，这对我国丰富的优良地方山羊品种的杂交改良发挥了重要作用。例如，我国广泛选用引进的波尔山羊、南江黄羊、努比羊等作为杂交父本品种，选用各地的优良地方品种做杂交母本品种进行级进杂交，通过几代的杂交，使地方品种的逐渐形成与父本品种具有相似外貌和性能特点的类群，产生生产性能较高的杂种后代。同时，在肉用山羊的杂交改良过程中，通过有计划地杂交，汇集不同亲本品种的优秀基因、形成生产性能优良的杂种群，再进行横交固定和自群繁育，形成新的类群甚至新品种。例如我国南江黄羊的培育。

43 怎样进行肉用绵羊的杂交改良？

肉羊绵羊品种的杂交改良方式基本和山羊品种类似，通过有计划地杂交改良，提高我国地方肉用绵羊品种的产肉性能。通常选用从国外引进的罗姆尼、林肯、边区莱斯特、南丘、萨福克、陶塞特、德国美利奴、夏洛莱羊等肉用绵羊品种做杂交父本，选用国内优良的地方绵羊品种小尾寒羊、阿勒泰大尾羊、乌珠穆沁羊、广灵大尾羊等绵羊品种做杂交母本，通过有计划地杂交改良，有效地提高杂种后代的胴体性能和产肉性能。

44 肉羊引种应注意哪些问题？

肉羊引种关系到肉羊生产的成败，引种前应通过充分调研和分析，注意以下几点问题：

（1）引入品种必须符合当地品种区域规划　引种前应了解当地畜牧业发展区域规划，保持当地肉羊养殖业的可持续发展，符合当地良种繁育体系建设规划，禁止将外来品种引入保种区内。

（2）引入品种必须具有独特或较高的经济价值　引种应充分考虑引入肉羊品种的生产性能和经济价值，符合当地肉羊杂交改良或杂交利用。

（3）引入品种必须具备较好的适应性　引种前应充分了解种源地和引入地的自然条件和饲养管理方式的情况，选择对引入地具有较好适应性的肉羊品种，通过引种试验确定引入肉羊品种。

45 如何进行肉羊引种？

（1）选择好引种地点或单位　确定引入肉羊品种后，应选择与当地自然经济条件相似的场站引种，减少地区差异、提高引入肉羊的适应性，保证引种成功。为了保证引种山羊的品质，必须从经过国家和省、市有关部门认可的正规的良种山羊场或纯繁场引种。

(2)选择好引种季节　每年的引种季节以春、秋两季较适宜，通常选择每年的4～5月或9～10月引种，10月引种最适宜，此时的自然气候条件好、饲草丰沛，种羊引进后，经过秋冬两季的饲养，第二年正好达到配种繁殖时间。夏季气温高，冬季寒冷、价格高，不适合引种，一般应该避免在高温和寒冷季节引种。

(3)选择好引种个体　引种时必须对肉羊的外貌进行个体选择，引进个体的外貌特征和性能指标应符合引入品种的标准。种公羊要特别注意选择雄性特征强、睾丸发育好，无单睾或隐睾的个体；种母羊应选择生殖器官正常、乳房发育良好的个体。引入个体应选择1～2岁、健康的青年羊。

(4)确保肉羊引种防疫安全　禁止从疫区引种肉羊，引种肉羊需要经过兽医检疫合格。根据农业部《种畜禽调运检疫技术规范》的要求，引种肉羊起运前半月或一个月内，了解引种单位半年内的疫情情况，如发现有一类传染病及炭疽、布氏杆菌病等发生，必须停止引种肉羊的调运。未发现疫情的，需要查看拟引进种羊的档案和预防接种记录，并对引种个体进行检疫，查看有无口蹄疫、布氏杆菌病、山羊关节炎、脑炎等，确保引种肉羊的防疫安全。引种肉羊个体按照国家标准进行检疫，经过隔离观察后才能合群。

46 羊只运输过程中应注意哪些问题？

在运输引种肉羊前，应根据引种运输的肉羊数量准备好运输工具(车、船等)、安排好每个运输工具装载的羊只数量，注意羊只运输的密度不要太大。准备好羊只在运输过程中必需的饲养管理工具、饮水和饲草，必须对运输和饲养管理工具进行彻底地清扫、洗刷和消毒处理后才能装载引种羊只。在运输过程中，防止引种肉羊与其他羊只或偶蹄类动物接触，以避免感染疫病。为减少引种肉羊的应激反应，在运输途中应尽量保证平稳运输、减少路途停留时间，保证肉羊的饮水和适量干草，注意观察羊只的状态是否正常。

47 肉羊引种后如何处理？

肉羊引种后必需单独饲养，进行隔离观察和检疫。根据农业部《种畜禽调运检疫技术规范》的要求，引进种羊至少应该隔离饲养30天。在隔离期间，每日早晚观察种羊在日常饲养管理中的表现是否正常，无异常后才能与其他羊只合群饲养。

经过检疫确认健康的种羊,经过驱虫、消毒和免疫注射后才可以合群饲养。对于检疫不合格的羊只,禁止合群。对于引种后不能适应当地饲养管理或应激反应较大的羊只,可以适当调整饲养管理,逐渐适应引入地的环境和饲养管理方式。

三、肉羊的饲养管理

48 种公羊的饲养管理有哪些技术要求？

①配种期提高营养水平，每天补喂混合精料 0.5～1 千克，同时补喂青干草、胡萝卜和鸡蛋 1～2 个。

②每天活动 6～8 小时，提高精子活力。

③配种次数要合理。1 岁半以内的种公羊，1 天内配种或采精不宜超过 1～2 次，不要连续采精或配种；2 岁以上的种公羊每天配种可利用 3～4 次，甚至 4～6 次。次数多的，每次间隔时间要在 2 小时左右，使其有休息时间。每周休息 1～2 天。在采精或配种前不宜吃得过饱，精料每天分三次喂给，并补给适量动物蛋白质。

④单独饲养，防止乱配种和公羊互斗致伤。

⑤做好修蹄、圈舍消毒及环境卫生。

49 如何合理利用种公羊？

若采用人工授精技术，在配种前 2 周每天给公羊排精 1 次。配种开始时可以每天采精 1～2 次，连续采精 3～4 天休息 1 天。公羊采精应在喂料、运动 1 小时后进行。种公羊采精前剪去尿道口周围的污毛，采精人员要固定，对不适应人工采精的羊要及时调整。若自由交配，可按 30～50 只母羊投放 1 只种公羊比例进行配种。

50 什么叫人工授精技术？它有哪些优点？

人工授精是用器械采集公羊的精液，经过精液品质检查和一系列的处理，再将精液输入发情母羊的生殖道内，从而达到母羊受胎的目的。人工授精技术具有以下优点：

(1)可以扩大优良种公羊的利用率和使用年限　采用人工授精的方法,由于输精量少和精液可以根据情况稀释,公羊的一次射精量可以配种几十只母羊。因此,可以充分发挥优秀种公羊的作用和影响,迅速提高羊群的品质和生产性能。

(2)可以大量节省购买和饲养种公羊的费用　由于采用人工授精方法,可以提高种公羊的利用率,减少种公羊的饲养量,节省饲养管理费用。

(3)提高母羊的受胎率　采用人工授精的方法,可以将精液输送到母羊的子宫颈口,减少了精子运动的距离,增加了与卵子结合的机会。同时,也解决了因母羊生殖道疾病或子宫颈位置不正所引起的不育。此外,人工授精之前,精液品质经过了严格地检查,避免了因精液品质不良所造成的空怀。

(4)可以减少疾病的传播　采用人工授精,公、母羊不直接接触,而且所用的器械经过了严格地消毒,大大降低了传染疾病的可能性。

(5)可以改变时间和空间　由于公羊的精液可以长期保存和远距离运输,因此使优良品种的保存和种质资源的交流成为可能。

51 怎样确定公母羊的比例?

羊的配种方法不同,公母羊的搭配比例不同。目前常用的羊配种方法有两种,即自然交配和人工授精。

(1)自由交配　是最简单的交配方式,在配种期内,一般公母羊的配比为:绵羊公、母按1∶(20～30)比例,山羊按1∶(30～40),将选好的公羊放入母羊群中,任其自由寻找发情母羊进行交配。

(2)人工辅助交配　公、母羊分群放牧,到配种季节每天对母羊进行试情,然后把挑选出的发情母羊有计划地与指定的公羊交配。这种交配方式,可以准确登记公、母羊的耳号及配种日期,从而能够预测分娩日期,能够有计划地进行选配,提高后代质量。

(3)人工授精技术　用鲜精输精,每只羊每次输精0.05～0.1毫升;如果将精液按1份精液加2～4份稀释液进行低倍稀释,每只羊每次输精0.1～0.2毫升,这样一只公羊一年可配母羊500～1 000只或以上,比用公羊本交提高10～20倍以上。

52 采精时台羊怎样选择?

对公羊来说,台羊是重要的性刺激,是用假阴道采精的必要条件。台羊要选择健康无病、体格较大的发情母羊。如果已经经过多次采精训练的公羊,也可选择没有发情的母羊。采精前，先将台羊固定在采精架上。

53 怎样给种公羊采精？

(1)采精前的准备　采精前，应准备好假阴道、集精杯、种公羊和台羊等。

①器械的准备　凡是和精液可能接触的器械均应消毒处理，假阴道用棉球擦干，再用70%的酒精消毒，连续使用时可用96%的酒精棉球消毒。集精瓶可先用70%的酒精消毒后，再用0.9%的氯化钠溶液冲洗3～5次，连续使用时，先用2%的重碳酸钠溶液洗净，再用开水冲洗，最后用氯化钠溶液冲洗3～5次。

②台羊的准备　选择健康无病、体格较大的发情母羊。采精前，先将台羊固定在采精架上。

③假阴道的准备　安装假阴道之前，首先检查所用的内胎有无沙眼，若完整无损时先放入开水中浸泡3～5分钟。新内胎或长期未用的内胎，必须洗净消毒后方可使用。工作人员剪短指甲并磨平整，以免划破内胎，然后用酒精棉球消毒双手。

一切准备完备后，先将内胎装入外壳，内胎的光滑一面朝上，露出外壳的两头要求等长，然后将内胎的一端翻套在外壳上，同样的方法套好另一端。但应注意不要使内胎有扭转的情况，内胎不要拉得太直和太紧。然后在两端分别套上橡皮圈固定内胎。

用长柄镊子夹上65%的酒精棉球消毒内胎，从内向外待酒精挥发后，再用生理盐水擦拭。集精瓶(杯)安装在假阴道的一端。

左手握住假阴道的中部，右手用烧杯将温水从外壳的灌水孔灌入，水量约为外壳与内胎间容积的1/3(竖立假阴道，水达灌水孔即可)。然后关上带活塞的气嘴，并将活塞关好。用消毒后的玻璃棒取少许凡士林，由内向外均匀涂抹一薄层，其涂抹深度以假阴道长度的1/2为宜。扭动气嘴的活塞，从气嘴吹气，用消毒的温度计插入假阴道内检查温度，以采精时达到40～42℃为宜，若过高或过低可用冷水或热水加以调节。吹气加压，使涂凡士林一端的假阴道口呈三角形，松紧适度。

(2)采精　在牵引公羊到采精现场后，不要让其立即爬跨台羊，人为控制其几分钟后，再让其爬跨，这样不仅可以增强公羊的性反射，也可提高射精量和精液品质。

①采精人员右手紧握假阴道，用食指、中指夹好集精瓶使假阴道活塞朝下，蹲于台羊的右后侧。

②待公羊爬跨台羊且阴茎伸出时，采精人员用左手轻拨公羊包皮(勿触龟头)，将阴茎导入假阴道(假阴道应与地面呈35°～40°角)。

③若假阴道内的温度、压力和润滑感适宜，当公羊后躯急速向前一冲，表明公

羊已经射精。此时,顺公羊动作向后及时取下假阴道,并迅速将假阴道竖立,安装有集精瓶的一端向下。

④打开活塞上的气嘴,放出空气,取下集精瓶,用盖盖好并保温(37℃水浴),待检查。

54 怎样检查种公羊精液品质?

(1)射精量　用灭菌的卡介苗注射器或带有刻度的输精器测量。羊的射精量一般为0.5～2.0毫升,平均为1.0毫升左右。

(2)色泽　正常的精液为乳白色。如精液为深黄色,表示精液混有尿液;粉红色或淡红色表示混有血液;有脓液混入时,精液呈淡绿色;精液中有絮状物,表示副性腺有炎症。

(3)气味　正常的精液略带腥味。当有其他腐臭味时,均表示不正常,不能用于输精。

(4)云雾状　肉眼观察采到的新鲜精液,可以看到由于精子活动所引起的像云雾状似的翻腾滚动。精子的密度越大、活力越强,其云雾状越明显。

(5)活力　有条件的场,可以在显微镜下(18～25℃的室温)根据观察到的直线运动的精子数所占的比例来确定。一般采用五级评分的办法:如果全部精子作直线运动,则评为五级(1.0);大约80%的精子作直线运动,评为四级(0.8～0.9);60%左右的精子作直线运动,评为三级(0.6～0.7);大约40%或20%的精子作直线运动,分别评为二级(0.4～0.5)或一级(0.3以下)。在人工授精中,鲜精的活力低于四级以下,一般不能用于输精。

(6)密度　通常在显微镜下检查精液的活力时,同时检查密度。一般分为密、中、稀三级。在200～600倍的显微镜下观察,如精子密布整个视野,精子之间无空隙,即为"密";精子之间有明显的空隙,彼此之间距离1～2个精子的长度,即为"中";如果视野中只有少数精子,精子之间的空隙超过2个以上精子的长度,即为"稀"。在视野中没有看到精子的,用"无"标记。一般用于输精的精液,其精子密度至少是"中"级。

55 后备母羊的饲养管理有哪些技术要求?

后备母羊是指羔羊断奶以后到第一次配种前的母羊,这个阶段的母羊正值生长发育阶段,如果饲养不良将会影响其一生的生产性能,使它们形成腿高、体窄、胸浅、体重小、生长发育受阻。

为此，对培育中的后备母羊，断奶以后要求日增重能达150～200克，则每日需风干饲料在0.7～1.0千克之间，随着日龄的增长，应根据其体重及日增重调整日粮。除喂饲以外，应将羊赶到运动场甚至驱赶运动、晒晒太阳以增强其体质，在运动场上补饲应选最好的豆科草、青干草、青草或青贮饲料，经常抽查体重，检查日增重是否达到规定要求。

56 肉羊的繁殖活动主要集中在哪些季节？

（1）山羊的繁殖季节　山羊的繁殖季节主要在春、秋两季，以秋季最为集中，部分山羊品种如青山羊、南江黄羊、波尔山羊等，能够终年发情。

（2）绵羊的繁殖季节　绵羊的繁殖季节因品种、地区而有一定的差异。一般多在秋季和冬季。生长在寒冷地区的或原始品种的绵羊，呈现出季节性发情。而生长在温暖地区或经过人工高度培育的绵羊品种，其发情往往没有严格的季节性。我国北方地区，绵羊发情季节一般是7月份至第二年1月份，而以8～10月份发情最为集中。

营养状况对繁殖季节也有一定的影响，如羊群在牧草茂盛的草场上放牧，膘情较好，繁殖季节开始较早，并且发情整齐。如果羊群的体况较差，繁殖季节就会推迟。

（3）公羊的繁殖季节　公羊在任何季节都能配种，但在气温较高的季节，性欲减弱，精液品质下降，精子数目减少，活力降低，畸形精子数增多。一般公羊的精液品质以秋季最好。

57 初配母羊何时开始配种较为适宜？

母羊的初配年龄早晚，与气候条件、营养状况有很大的关系。通常山羊的初配年龄多为8～10月龄，绵羊的初配年龄多为12～18月龄。

58 山羊发情有何表现？

山羊的发情特征是：处女母山羊发情不明显，经产母山羊发情较明显，不同品种的发情程度也不同。由于山羊是短日照动物，因此夜间发情多。

（1）发情初期　卵泡迅速发育，雌激素大量分泌，母山羊烦躁不安，食欲减退，产奶量急剧下降，在放牧时游走少食，并逗引其他母山羊，当试情公羊企图爬跨时，又不乐意接受，扬头而走。

（2）发情盛期　由于雌激素分泌量最多，母山羊交配欲强烈，因此不时高叫，爬墙抵门。摇尾，乐意接受其他母羊或试情山羊爬跨。舍饲时，食欲减退，反刍停止，放牧时常离群独居。

（3）发情末期　母山羊性欲减退，渐渐转入平静，不再接受爬跨，也不爬跨其他母山羊，一系列发情表现消失。

59 山羊发情有何规律？

（1）季节性　羊一般总是在秋、冬季节发情配种，这是长期自然发展的结果。但是，人工选择的干预使得这种属性发生了不同程度的变化，如我国的白山羊、南江黄羊等山羊品种和引进的波尔山羊等品种都有四季发情的特性。

（2）重复性　山羊在其繁殖季节内发情周期多次重复，有多次发情的表现。

（3）阶段性　母羊在每个发情周期内，无论是其内部生殖激素、卵巢、生殖道，还是外在的表现和行为变化均有阶段性，可分为发情前期、发情期、发情后期和间情期。发情期持续的时间通常称为发情持续期，山羊的发情持续期一般为24～38小时。母羊多在发情期将结束的时候排卵，成熟卵子在输卵管中存活的时间为4～8小时，而公羊精子和卵子作用的最适宜时间是24小时之内。因此，适时观察母羊发情的阶段性变化，确定适宜的配种时机，是提高母羊受胎率的重要前提。

60 如何判断发情母羊？

（1）外部观察法　当母羊表现兴奋不安，经常鸣叫，食欲减退，喜欢接近公羊或爬跨其他母羊，当被其他公羊或母羊爬跨时，就会站立不动，并不断摇尾，阴部红肿，柔软松弛，有少量黏液流出，频繁排尿，就认为母羊已经发情。这是鉴定母羊是否发情最基本、最常用的方法。

（2）阴道检查法　将羊用开膣器插入母羊阴道，检查生殖器官的变化，如阴道黏膜的颜色潮红充血，黏液增多，子宫颈松弛等，可以判定母羊已发情。

（3）公羊试情法　用公羊对母羊进行试情，根据母羊对公羊的行为反应，结合外部观察来判定母羊是否发情。试情公羊要求性欲旺盛，营养良好，健康无病，一般每100只母羊配备试情公羊2～3只。试情公羊需做输精管切断手术或戴试情布。试情布一般宽35厘米，长40厘米，在四角扎上带子，系在试情公羊腹部。然后把试情公羊放入母羊群,如果母羊已发情便会接受试情公羊的爬跨。

(4)“公羊瓶”试情法　公山羊的角基部与耳根之间,分泌一种性诱激素,可用毛巾用力揩擦后放入玻璃瓶中,这就是所谓的“公羊瓶”。试验者手持“公羊瓶”,利用毛巾上的性诱激素的气味将发情母羊引诱出来。

61 给母羊人工输精需要准备哪些工具?

给母羊人工输精时需要准备好以下工具:输精器、阴道开膣器、假阴道、集精瓶、镊子、搪瓷盘、玻璃棒等。

62 怎样给母羊进行人工输精?

(1)输精前的准备　在人工授精开始前,应作好适当的准备工作。

①输精器械的准备　主要有玻璃输精器、开膣器、输精管等。输精前所有可能在操作中用到的器材均要消毒灭菌。

②输精人员的准备　输精人员穿工作服,手指甲剪短磨光,手洗净擦干,用75%的酒精消毒,再用生理盐水冲洗干净。输精的场所严禁抽烟,严禁有其他刺激性的气味。

③受精母羊的准备　把发情母羊牵到输精架上,保定,将其外阴部擦洗干净,消毒。生产中可采取一人背对羊头骑于母羊背上,抬起母羊的两后肢,其余人帮助固定好母羊以便输精。

④精液的准备　常温或低温保存的精液,要在温水中升温到35℃左右,并在显微镜下检查其活力,符合要求才能输精。

(2)输精　输精人员将用生理盐水浸泡过的开膣器闭合按母羊阴门的形状和生殖道的方向缓慢插入,然后转动90°打开开膣器。用手电筒光或其他光源寻找母羊的子宫颈口将输精器前端缓慢插入子宫颈口内0.5～1.0厘米,用拇指轻轻推动输精器的活塞,注入精液。原精液量需要0.05～0.1毫升或稀释精液量0.1～0.2毫升。

注意,刚输精后的母羊应休息10分钟左右,不要立即驱赶或放牧,并注意观察是否有精液倒流。在输精过程中,为避免生殖道疾病的传播,原则上应该每只母羊使用一支输精器,但生产中往往做不到。因此,连续输精时,每输完1只母羊,可用生理盐水擦拭输精器的外壁,再对下一只母羊输精。在第一次输精后,间隔8～12小时再重复输精一次。

63 妊娠母羊的饲养管理有哪些技术要求?

(1)妊娠母羊的饲养　母羊的妊娠期平均150天，可分为怀孕前期3个月和怀孕后期2个月。

①怀孕前3个月　胎儿生长缓慢，需要的营养并不太多，一般的母羊在放牧的基础上可适量增加精料或不增加精料。

②怀孕后期2个月　母羊每天饲喂精料0.5～0.7千克，青干草1.0～1.5千克，青贮饲料1.5千克，并注意饲喂胡萝卜、食盐、骨粉等。

(2)妊娠母羊的管理

①禁止无故捕捉惊扰羊群，防止羊只发生拥挤和碰撞，不能饲喂发霉、腐败、变质、冰冷的配料，以防造成流产。

②适当让母羊做户外运动，干草或鲜草用草架供给。

③产前1周应将母羊放入待产圈中进行饲养和护理。

④每天饲喂3～4次，先喂粗饲料，后喂精饲料；饲槽内吃剩的饲料，在下次饲喂前要清除干净，以免羊只吃了变质饲料造成流产发生。

⑤饮水次数每天不少于2～3次，最好是经常保持槽内有水让其自由饮用。

64 怎样判断母羊妊娠?

(1)外部观察法　母羊妊娠后，一般表现为周期性发情停止，食欲成倍增加，膘情逐渐变好，毛色光润，性情逐渐变温顺，行动谨慎安稳等。到妊娠3～4个月，腹围增大，妊娠后期腹壁右侧较左侧更为突出，乳房胀大。单纯依靠母羊妊娠后的表现进行诊断的准确性有限，需要结合另外两种方法来做出诊断。养羊业实际中经常使用试情公羊对配种后的母羊进行试情，若配种后1～2个情期不发情，则可以判定母羊妊娠。

(2)超声波诊断法　这种方法是通过利用超声波的物理特性，通过探测羊的胎动、心跳及子宫动脉的血流来判断母羊是否妊娠。目前国内外开发出多款B型超声波诊断仪，其诊断准确率较高，也可以对羊的皮下脂肪厚度和背最长肌的直径进行活体检测。国外有研究表明，在配种后20天就可以用B超进行直肠检测。

(3)孕酮测定法　怀孕后的母羊血液中的孕酮含量会有所增加，生产时间中常以配种后20～25天母羊血液内的实测孕酮含量为判断依据。具体判断指标如下：绵羊每毫升血液中孕酮含量大于1.5纳克判为妊娠；山羊每毫升血液中孕酮含量大于3纳克判为妊娠。

65 羊的妊娠期是多少天？怎样推算母羊的预产期？

通常，绵羊的妊娠期为146～157天，平均150天；山羊的妊娠期为146～161天，平均为152天。羊的妊娠期因羊的品种、年龄、所怀胎儿数、环境因素、饲养管理等不同妊娠期的长短会有变化，比预产期提前或推后一周都是正常的。

羊的预产期可用配种月加上5，配种日减去3的方法进行推算。如：已知某只羊的准确配种日期为2014年5月20日，其预产期为何时？

利用月加5，日减3的方式推算：5＋5＝10(月)；20－3＝17(日)，由上面推算结果知道该羊的预产期为：2014年10月17日。

66 造成妊娠母羊流产的因素有哪些？防治措施有哪些？

流产的起因：

(1)引起母羊流产的因素很多，但大致可分为传染性流产和非传染性流产两大类。

①传染性流产主要由各种疾病引起，如布氏杆菌、沙门氏菌、焦虫病等感染引起。

②造成非传染性流产因素主要有近亲繁殖、胎死腹中、胎盘坏死、子宫炎症、饲喂饲料发霉变质、饲料有毒、饲料中营养不平衡或供应量不足、顶撞跑跳、惊吓、踢打摔碰、乱用药物和防疫不当等。

(2)防止妊娠母羊流产主要措施

①供给充足营养：营养不足，日粮中缺乏某种营养物质，常会导致营养性流产。故饲喂孕羊必须满足其对营养的需要，饲料要全价。

②保证饲料质量：不喂发霉变质、冰冻饲料；不喂酸性过大的饲料，不饮冰碴；在怀孕后期不喂酒糟、带芽马铃薯和菜籽饼、棉籽饼等有毒饲料。

③细心管理：防止羊只顶撞、挤压或摔倒，出入门口防止互相拥挤，严禁踢打或惊吓。

④注意防病：切实搞好防疫，有病及时治疗；孕羊要适当运动，羊舍保持清洁干燥，增强体质和抗病能力。

⑤预防注射和药浴：合理安排预防注射时间，尽量做到不在怀孕后期进行防疫处理；严禁孕羊药浴。

67 怎样判断母羊即将临产？

临近产期的母羊，当其肷窝下陷，阴户肿胀，乳房胀大，乳头垂直发硬，表明其将在当日产羔。当用手挤乳头时能挤出少量黄色初乳，母羊阴门肿胀潮红，有时流出浓稠黏液，骨盆部韧带松弛，表明再过2～3小时母羊即将临产。当发现母羊不愿走动，靠在墙角用前蹄刨地，时起时卧时，则提示母羊即将生产，此时要准备接羔。母羊分娩时，在努责开始时卧下，由羊膜绒毛膜形成白色、半透明的囊状物至阴门突出，膜内有羊水和胎儿。羊膜绒毛膜破裂后排出羊水，几分钟至30分钟左右产出胎儿。

68 母羊产前应做好哪些准备工作？

(1)产房的准备　一般在产羔开始前10～15天要进行圈舍检修，圈舍要做好保暖，产房一般保持4～8℃为宜。产前对圈舍、运动场、饲草架、饲槽、分娩栏等用2%～5%的碱水或10%～20%的石灰乳溶液消毒，消毒后的圈舍地面要保持干燥，并铺上干净的垫草。

(2)准备充足草料　母羊产后几天内不放牧，产前应该准备充足的优质干草、精料、青贮料和多汁饲料，以备产后母羊的补饲。此外，夏秋季节，应在产羔羊舍附近留下一片避风、向阳、靠近水源的草地，供产羔母羊的放牧地，其面积按产草量和草的好坏，够产羔母羊45天放牧为宜。

(3)配备足够的人员　在产羔季节内，除本群放牧员外，每群还要增加1人。做到昼夜值班，护理待产母羊和产后的母子羊群。

(4)用具、药品的准备　准备消毒用的碘酒、来苏儿、酒精以及必需的强心剂和镇静剂等药。还有注射器、剪刀、编号用具、消毒纱布、毛巾、脸盆、秤、分娩记录本等都需要在接产前准备好。

69 如何进行母羊的分娩和助产？

(1)正常分娩　母羊产羔时，最好让其自行产出。接产人员的主要任务是监视分娩情况和护理初产羔羊。正常接产时首先剪净临产母羊乳房周围和后肢内侧的羊毛，然后用温水洗净乳房；挤出几滴初乳，再将母羊的尾根、外阴部、肛门洗净，用1%来苏儿消毒。一般情况下，经产比初产母羊产羔快，羊膜破裂数分钟至30分钟左右，羔羊能顺利产出。正常羔羊一般是两前肢先出，头部附于两前肢之上，随着母羊的努责，羔羊可自然产出。产双羔时，间隔10～20分钟，个别间隔较长。当母羊产出第一只羔羊后，仍有努责、阵痛表现，是产双羔的征候，此时接产人员要仔细观察和认真检查。

(2)难产的助产和处理　羊膜破水30分钟，如母羊努责无力，羔羊仍未产出时，应立即助产。助产人员应将手指甲剪短，磨光，消毒手臂，涂上润滑油，根据难产情况采取相应的处理方法。如胎位不正，先将胎儿露出部分送回阴道，将母羊后躯抬高，手入产道校正胎位，然后才能随母羊有节奏地努责，将胎儿拉出；若胎儿过大，可将羔羊两前肢重复数次拉出和送入，然后一手拉前肢，一手扶头，随母羊努责缓慢向下方拉出。切忌用力过猛，或不根据努责节奏硬拉，以免拉伤阴道。

70 产后母羊怎样护理？

①用来苏儿等消毒液擦净母羊臀部、外阴及后肢上黏附的胎水及污物。

②及时清除、更换被污染的垫草，供给温热的盐水麸皮汤。

③母羊分娩后1小时左右，胎盘一般会自然排出，要及时捡走，以免被母羊吞食，养成恶习。如4～5小时后仍未排出，应做胎衣剥离处理。

④产后母羊应注意保暖、防潮，避免贼风，防感冒，让母羊安静休息。

⑤对体况较好的羊，暂可补精料，待其新陈代谢机能完全恢复后，再逐渐增至应补给量。

⑥有的母羊产羔后，有努责而又不是双羔，要及时把母羊扶起，令其运动，防止子宫脱出。

⑦母羊将胎儿全部产出后，0.5～4小时内即排出胎衣，7～10天内常有恶露排出。若胎衣、恶露排出异常，要及时请兽医诊治。

71 怎样处理假死羔羊？

羔羊产出后，如不呼吸，但发育正常，心脏仍跳动，称为假死。原因是羔羊吸入羊水，或分娩时间较长、子宫内缺氧等。处理方法：一是提起羔羊两后肢，悬空并不时拍击背和胸部；二是让羔羊平卧，用两手有节律地推压胸部两侧，经过这些处理，短时假死的羔羊多能复苏。

72 怎样护理初产羔羊?

（1）处理黏液，防止窒息　羔羊出生后，应迅速清除羔羊口腔和呼吸道的黏液和羊水。羔羊身上的黏液可由母山羊舔干净。若母山羊恋羔性弱，可将羔羊身上的黏液涂在母山羊嘴上，或在羔羊身上撒些麸皮，再让母羊舔食，以促使建立母子感情。

（2）断脐带　羔羊出生后要及时断脐，一般距离羔羊脐部6～8厘米处用剪刀剪断或用手指甲掐断均可，然后在脐带断端涂上5%碘酊消毒。若羔羊脐带自断，则在脐带断端用碘酒消毒即可，以防引起脐带发炎。

（3）保温　冬季及早春如天气寒冷，应注意保温。母山羊产出的羔羊应马上用干净布块或干草迅速将羔羊抹干，以免羔羊受凉。

（4）及时哺喂初乳　羔羊出生站立后，就有吮奶的本能要求。因此母山羊分娩完毕后，应将母山羊的乳房清理好，用温水洗净乳房，挤出最初几滴初乳，帮助出生羔羊找到母羊乳头，及时吃上初乳。

73 哺乳期母羊的饲养管理有哪些技术要求?

（1）产羔初期母羊的护理　母羊产后1～3天若母羊膘情好，则不需补加精料，只喂青干草；对于膘情差的母羊，需要按母羊的膘情和产的羔羊只数来适当补饲。

（2）哺乳初期母羊的补饲　产单羔的母羊，每只每天补喂混合精料200～300克，多汁饲料500克，青干草1千克；产双羔的母羊，每只每天补喂混合精料400～600克，多汁料1千克，青干草1千克。

（3）哺乳后期母羊的补饲　哺乳后期母羊的泌乳能力下降，即使加强补饲，也很难达到较好的泌乳效果，因此哺乳后期的母羊要逐渐降低营养水平，除加强放牧外，可以补饲干草，营养不足时才补饲精料，使母羊保持中等膘情，增加繁殖胎数。

74 羔羊生长发育有何特点?

（1）器官发育还未健全，机能尚未完善　羔羊出生后体内各个器官组织发育还未健全，机能尚未完善，各种调节机能差，主要表现对冷、热、湿和各种疾病抵抗力弱，消化力低，但新陈代谢旺盛，生长速度快。

（2）消化机能逐步发育　羔羊出生至3周龄为无反刍阶段，3～8周龄为过渡阶段,8 周龄以后为反刍阶段。3 周龄内羔羊以母乳为饲料,消化规律与单胃动物相似,3 周龄后才慢慢消化植物性饲料。8 周龄时胰脂肪酶的活力达到最高水平,此时瘤胃才充分发育,能采食和消化大量植物性饲料。

(3)适应能力差　出生 1～2 周龄的羔羊体温调节机能差,皮肤保护机能差,消化道黏膜容易受细菌侵袭而发生消化道疾病,生产中,低温环境是造成羔羊发病、死亡的主要因素。这个阶段羊要做好保温和疾病预防。

(4)可塑性强　羔羊可塑性强,外部环境的变化能引起机体相应变化,容易受外界条件的变化而发生变异,这对羔羊的定向培育有重要意义。羔羊出生后 7～10 天,在跟随母羊放牧或采食饲料时,会模仿母羊的行为采食饲料,这对人工诱食补饲有一定作用。

75 断奶前羔羊的饲养管理有哪些技术要求?

(1)饲养　羔羊在断奶前经过过早开食、早喂精料和放牧锻炼,断奶时,可在适当放牧运动的条件下,分 2～3 次供给易消化配合精料 100～200 克(以粪便无变化为宜),夜间供给优质青草或青干草,任其自由采食。除了控制精料饲喂量外,水、草不应限制。放牧的运动量不能太大,最好在羊场周围预留的人工草地(以豆科草与禾本科草混合播种为宜)上放牧。断奶羔羊配合料中尽量不用菜籽饼、棉籽饼等含有毒物质的饲料,豆饼必须炒熟或用炒黄豆代替。

(2)管理　从计划断奶开始,逐渐减少哺乳次数,从每天 2～3 次,逐渐减到每天 1 次。经过 1～2 周的适应锻炼,再彻底断奶。

76 怎样做好羔羊的寄养或人工哺乳?

(1)羔羊寄养　母羊一胎多产羔羊或母羊产后意外死亡,可将一窝产羔数多的羔羊分一部分给产羔数少的母羊寄养。为确保寄养成功,一般要求两只母羊的分娩日期相差在 3～5 天之内,两窝羔羊的个体悬殊不大。另外,母羊的嗅觉较为灵敏,为避免母羊嗅辨出寄养羔羊的气味而拒绝哺乳,一般羔羊寄养提倡在夜间进行,寄养前将两窝羔羊身上同时喷洒臭药水或酒精等气味相同的药物或涂抹受寄养母羊的奶汁、尿液,再将两窝羔羊放在一起喂养 30～60 分钟,使受寄养母羊嗅辨不出真假,从而达到寄养的目的。

(2)人工哺乳　对于母羊一胎产羔数多以及母羊产羔后缺奶,应尽量保证羔羊在吃到初乳的前提下进行人工哺乳,所补喂的奶可以是羊奶、牛奶、奶粉。奶一定要消毒，温度掌握在35～37℃之间，不要过冷过热。喂量要根据羔羊的生长发育情况来掌握，要定时、定量和定温。奶瓶嘴的奶嘴应剪成“+”字孔，不要太大，喂时不要过急，防止奶吸入羔羊肺部造成异物性肺炎。在牛奶中加入维生素或多维葡萄糖，补喂效果更好。

77 羔羊何时训练吃草吃料为宜？

羔羊出生7～10日后训练吃草；15日后喂给混合精料，每日50～70克，1～2月龄100克，2～3月龄200克，3～4月龄250克，山羊羔3月龄，绵羊羔4月龄时断奶，若补饲做得好，可以在2月龄断奶。

78 防止羔羊下痢的措施有哪些？

(1)加强对妊娠母羊的饲养管理，提高孕羊的体质　关键是要抓好秋膘，在秋季要做好母羊的抓膘和保膘工作。使其生产的羊羔体质健壮，抗病力强，可以帮助羊羔顺利过冬，否则，羔羊体质差，就增加了羔羊痢疾的发病率与死亡率。

(2)科学配种　合理安排配种，尽量避免母羊在最冷的季节产羔；在产羔季节应注意保暖，做好消毒，及时给羔羊哺喂新鲜、洁净的初乳。

(3)加强防疫　在秋季时可以为母羊接种五联苗或者免疫羔羊痢疾菌苗，在产前的14～21天再进行一次接种，增强母羊的抗体水平，保证新生羊羔可以获得足够母源抗体。

(4)产房消毒　在产羔前应对产房进行彻底地消毒，可使用1%～2%的热碱水或者20%～30%的石灰水对羊舍地面、墙壁以及产房的所有用具进行喷洒消毒。

(5)疾病预防　在羔羊出生后的12小时之内灌服0.15～0.2克抗菌药物土霉素，每日一次，持续三天，可以起到一定的预防效果。

79 提高羔羊成活率的技术措施有哪些？

①做好产羔舍的准备。

羔舍必须有照明设施：因为晚上天黑，羔羊和母羊的视线模糊，不但造成羔羊不能尽早吃到初乳，而且使母羊在急于找羔羊的过程中乱踩乱踏，有可能致使羔羊受伤或死亡。

羊舍要有保暖措施:在晚秋、冬季、早春天气变化无常,一般温度低于5℃,羔羊从母体内突然降生到体外,一方面要经受温差大的刺激,另一方面羔羊不能及时吃到初乳,从而使羔羊体力和抗病力下降,最容易引起感冒和痢疾,导致羔羊体力衰竭而死亡。

羔舍要有消毒措施,要做到定期消毒,特别是分娩前后对产羔舍应彻底消毒1～2次。对污染的环境、用具,可用3%～5%的来苏儿水溶液或碱水消毒。保持圈舍干燥卫生,空气新鲜,提高羔羊的抗病力,避免疾病的发生。

②做好产羔护理技术　胎儿产出后,应做好羔羊的护理,让羔羊及时吃上初乳,做好保温。对一胎产3只羔以上的羔羊,保证每一只羔羊都能吃到初乳的前提下,然后采取找保姆羊代乳或人工哺乳的方法。每只羔羊吃好乳,吃足乳。

③及时训练羔羊吃草吃料。

④羔羊实行早期断奶。在科学的饲养管理和充足的饲料条件下,发育正常的羔羊,一般断奶时间为3月龄。

⑤做好预防,防止羔羊下痢发生。

80 羔羊断奶有哪些技术要求?

①尽早补饲。羔羊出生后一周开始跟着母羊学吃嫩叶或饲料,在15～20日龄就要开始设置补饲栏训练吃青干草,以促进其瘤胃发育。1月龄后让其采食开食,开食料为易消化、柔软具有香味的湿料。并单设补充盐和骨粉的饲槽,促其自由采食。

②断奶要一次性进行。具体的断奶时间要根据羔羊的月龄、体重、体况、补饲条件和生产需要等因素综合考虑,确定后一次性进行。方法:采用移母留羔法,把母羊拉走关在较远的羊舍,羔羊留在原来的圈舍内,母子互不相见,以免羔羊恋母(乳),影响采食。另外,移母留羔法还可以减少羔羊断奶应激反应。

③断奶后羔羊的饮水要保证充足清洁。

④断奶后羔羊的圈舍及饲槽用具要保证清洁,定期消毒,地面要保持干燥,羊舍要冬暖夏凉。每只羊要有0.8～1米^{2}的活动卧歇面积。

⑤羔羊断奶后要做好防疫免疫注射工作。

81 羔羊断奶后的饲养管理要点有哪些?

①羔羊断奶后的饲喂。羔羊断奶后的适应期为5～7天,主要是让羔羊有一定

适应过程。断奶后采用优质新鲜的牧草或豆科干草最好，其次利用农作物秸秆制成的青贮、氨化、微贮饲料。秸秆经氨化或微贮处理后，适口性好，利用率高，以微贮料饲喂效果较好。

单喂饲草不能满足羔羊的营养需要，需要补充一定量的精料。精料最好是由豆饼、玉米、麸皮等 3 种以上的原料和食盐以及矿物质、维生素等添加剂根据羊的营养需要配制而成的。混合精料可消化粗蛋白不低于 18%。精料的比例可逐渐增大，在适应期末应增加到 40%以上。

羔羊要一日多餐，防止羊采食过多，造成胀肚、停食或拉稀。一般最初几天每天饲喂 5～6 次，经过 3～7 天后，可改喂 3～4 次，以后便可改为自由采食。

②合理分群　羔羊断奶以后，按性别、大小、强弱给羔羊分群，并加强补饲。为了安定断奶羔羊的情绪，可以把没有产羔的母羊放入羔羊群内。

③注意羔羊的运动及环境卫生，防止羔羊因消化不良造成腹泻、下痢等。

④每天要供给充足清洁的饮水，冬天最好供应温水。

⑤添加食盐和羔羊生长所需要的矿物质、维生素等添加剂。注意碱滩和盐湖附近的牧草含盐分较多，在这里放牧，可不再补盐。

82 空怀母羊的饲养管理有哪些技术要求？

母羊空怀期的营养状况直接影响着发情、排卵及受孕。加强空怀期母羊的饲养管理，尤其是配种前的饲养管护对提高母羊的繁殖力十分关键。

(1)空怀母羊的饲养　空怀母羊应尽量多样饲草搭配饲喂，可将豆科牧草与禾本科牧草搭配饲喂，满足母羊的营养需要。除让母羊放牧和补饲吃饱外，应根据母羊的膘情适当增减精料喂量。产羔数少，体质过肥的母羊，应减少日粮中的精料喂量；对于少数体质过肥的母羊，不仅要完全停止精料补喂，而且还要适当增加母羊的放牧运动量，以利母羊减肥，促进正常发情排卵。一般发情配种期的空怀母羊以七八成膘情为宜。

(2)空怀母羊的管理　空怀母羊管理上主要是做好发情鉴定和配种工作。饲养员应勤观察，每天早晚用试情公羊试情，并根据行为表现、外阴部变化和阴道内表现对适宜配种时间做出判断。根据母羊发情晚期排卵的规律，可以采取早晚两次试情的方法挑选发情母羊。早晨选出的母羊下午输精 1 次，第二天早上再重复输精 1 次；晚上选出的母羊第二天早上第一次输精，下午重复输精 1 次，这样可大大提高受胎率。

83 影响羊繁殖力的因素有哪些？

(1)遗传因素　由于不同品种,同一品种内不同的个体、不同胎次繁殖力都有所差异。

(2)营养和饲养管理因素　丰富和平衡的营养,促进母羊发情,提高受胎率,公羊性欲好,精液品质好。若营养严重缺乏,导致母羊发情延迟,受胎率下降,公羊精液品质差,繁殖力下降。

(3)环境　光照和温度对羊的繁殖力都有重要影响。如在炎热潮湿的夏季,公羊的性欲下降,精液品质下降,后代羔羊体质弱;母羊在炎热或寒冷的天气,一般发情较少,配种受胎率低;春、秋两季,光照、温度适宜,牧草丰盛,母羊发情、受胎率高,公羊繁殖力好。

(4)年龄因素　母羊产羔率随年龄而增加,3～6 岁时繁殖力最高。公羊在 5～6 岁时繁殖力最高。无论公羊、母羊,7 岁后繁殖力都会逐步下降。

(5)繁殖技术　它是影响羊繁殖力的一种人为因素,包括羊的初配年龄的掌握,羊的发情鉴定、适时配种、妊娠诊断、新的繁殖技术的应用等对羊的繁殖力都有不同程度的影响。

84 肉羊育肥有什么特点？

(1)生产周期短,周转快,效益高　在放牧条件下,由于牧草的季节性变化,生产一只羯羊需 3～5 年,最少也得 2 年,发展肉羊育肥后,在草场好的地区,可根据季节畜牧业的特点,实行羔羊当年屠宰;草场条件较差的地区,可将架子羊转移到农区饲养育肥,发挥两地的优势,缩短饲养周期,加快畜群周转,提高养羊业的经济效益。

(2)搞好育肥可从中获得较大的利润　肉羊是以饲草为主的反刍动物,饲料成本低,生产迅速,加强肉羊的肥育,尤其是采用配套商品肉羊舍饲技术,可以获得很高的生产效益和经济效益。

(3)规模大、产业化程度高　随着产业化程度的提高,育肥羊由一家一户的家庭副业型,转向大规模的集约化型。饲养规模由过去的几只发展到目前的几百只、几千只,一般为 300～500 只,规模最大的可达 3 000～5 000 只。产业化程度高的另一方面的表现是,产前、产中、产后服务功能齐全,围绕育肥羊生产,肉羊交易市场逐步形成,兽药、饲料添加剂及饲料服务到位,屠宰、加工、销售、贮运体系配套,一个以育肥羊为中心的生产、加工、服务的体系逐步完善。

85 肉羊育肥前应做好哪些准备?

①对育肥羊只进行健康检查,无病者方可进行育肥。

②按月龄和体重合理组群。将年龄、体重相近的放在一个群体里,以免出现大小不均,影响育肥效果。

③进行驱虫、药浴和疫苗接种。驱虫可以用丙硫咪唑,大羊 8～12 片,羊羔 4～6 片。

④对公羊要去势,以生产出膻味小的羊肉。

⑤进行称重,以便与育肥结束时的称重进行比较,检验肥育效果和效益。

⑥进行适应性饲养。羊只组群后,必须有一个适应性饲养阶段,一般经 1～2 周的训练,待羊只完全合群并习惯采食育肥饲料后,再开始育肥。

86 肉羊育肥方式有哪些?

(1)放牧育肥 是利用天然草场、人工草场或秋茬地放牧抓膘的一种育肥方式,生产成本低,应用较普遍。在安排得当时,能获得理想的效益。

(2)舍饲育肥 是根据肉羊生长发育规律,按照羊的饲养标准和饲料营养价值,合理配制育肥日粮,并完全在舍内喂、饮、运动的一种育肥方式。饲料的投入相对较高,但羊的增重快,胴体大,出栏早,经济效益高,便于按照市场的需要进行规模化、工厂化的肉羊生产。

(3)混合育肥 是放牧与补饲相结合的育肥方式,既能利用夏、秋牧草生长旺季,进行放牧育肥。又可利用各种农副产品及少许精料,进行补饲或后期催肥。这种方式比单纯依靠放牧育肥效果要好,适合全国各地的肉羊育肥生产条件。

87 肉羊育肥期的饲养管理要点有哪些?

(1)羊群的准备 将不作种羊的冬春公羔集中起来进行育肥。羊场可组织批量生产,每批 200～400 只,农户可饲养 30～50 只根据各自条件决定批次和数量。

(2)合理利用农作物秸秆 肉羊育肥过程中,应合理利用秸秆饲料,秸秆营养价值低,吸收利用差,必须与其他的饲草和精料结合利用。

(3)采用多种农副产品科学搭配混合精料 一般玉米、高粱等占 50%～70%,

糠麸占15%～30%,豆饼占10%～20%。羊育肥日粮中一般精粗饲料比例为60∶40或50∶50。同时补一些骨粉、微量元素。

(4)做好消毒　羊场场区内每两个月做一次全面消毒,圈舍内每两周做一次带羊消毒。

(5)加强检疫　需要屠宰的肉羊14天内不得使用任何兽药和疫苗,出栏时必须经过当地动物检疫部门的检疫,合格后可出售。

(6)适时出栏　一般育肥期为2～3个月,当膘情达到就可以出栏上市了。

88 肉羊育肥到何时出栏上市为宜?

不同品种羊育肥增重速度不同,故育肥时期长短也不一致,一般细毛羔羊育肥在8.0～8.5月龄结束,半细毛羔羊育肥7.0～7.5月龄结束,肉用羔羊育肥6.0～7.0月龄结束。

89 影响肉羊育肥效果的因素有哪些?

(1)羊品种　养肉羊能否多赚钱,首先取决于所饲养的品种是否适宜。例如,早熟肉用品种羊的屠宰率高为65%～70%,一般品种为45%～50%,毛用细毛羊仅为35%～45%。因此养殖肉羊若想获得好的效益,要选择早熟易肥的肉羊品种进行育肥。

(2)圈舍建造　羊舍是肉羊生活和生产的重要场所,与羊体健康和生产性能有着密切的关系。要给肉羊创造适宜的环境条件,必须合理的设计和建造羊舍。如将羊场场址选在低洼潮湿、排水不良、通风不畅的地方,这种潮热的环境对羊只健康和生产性能产生不利影响。有些羊场周围缺乏饲草饲料基地或饲草饲料来源,从其他地方运输饲草大大提高饲料成本,降低羊场的经济效益。

(3)日粮营养水平　饲料成本占肉羊生产总成本的比重最大,所以节约饲料可明显提高养羊经济效益。在肉羊生产中,不仅要保证肉羊饲料种类的丰富和储量的充足,而且应根据肉羊的营养需要和饲料的营养成分合理配合肉羊日粮。

(4)肉羊育肥技术　肉羊育肥是为了在短期内用低廉的成本获得质好量多的羊肉。科学的育肥技术包括因地制宜选择肉羊育肥方式、科学管理育肥羊等。若育肥技术不科学,会降低肉羊育肥增重速度,增加育肥成本,降低肉羊育肥效益。

(5)繁殖技术　目前,肉羊生产以宰杀育肥羔羊为主。若繁殖技术不过关,在实际生产中表现为产羔间隔时间长,母羊配种受胎率低和羔羊成活率低。肉羊饲养也不能获得理想的经济效益。

(6)羊肉产品质量　根据所宰杀肉羊的年龄,羊肉可分为大羊肉和羔羊肉。大羊肉是指宰杀12月龄岁以上的羊所获得的羊肉。羔羊肉是宰杀年龄在12月龄以下的羊所获得的羊肉。还有一种羊肉称肥羔肉,属于羔羊肉,是宰杀4～6月龄经育肥的羔羊所生产的羊肉。国际市场羔羊肉的价格比大羊肉要高出1倍左右。可见,生产品质好的羔羊肉较生产品质差的大羊肉占有明显的价格优势。

(7)防疫制度　肉羊生产中所发生的疾病,可分为传染病、寄生虫病和普通病三类。若生产中不建立严格的防疫制度就容易造成这些疾病的发生和蔓延,从而造成严重的经济损失。

90 提高肉羊育肥效果的措施有哪些?

(1)引进或培育优良肉羊品种　利用早熟肉用和适合羔羊肉(肥羔)生产的优良绵、山羊品种进行肉羊生产。引进的优良品种,除了进行纯繁、杂交改良外,利用这些品种的优良肉用特性,结合我国地方品种繁殖力高、适应性强的特点,培育我国自己的优良肉用羊品种,这是实现我国养羊业可持续发展、提高经济效益的关键。

(2)大力开展经济杂交　提高肉羊生产,开展经济杂交时母本要选择我国本地的绵、山羊品种,父本选择体大、早熟、生长发育快、产肉性能好的引进优良肉用品种,开展二品种或多品种杂交,从而利用杂种优势,提高肉羊生产效益。

(3)大力推广肥羔生产　肥羔肉具有瘦肉多、脂肪少、味美、鲜嫩、易消化等特点。羊的生长规律是生后4～6月龄肌肉和体重增长最快,以后逐渐转变为脂肪沉积,到周岁时肌肉和脂肪的增长速度大致相当,而饲料报酬随日龄增长而降低;充分利用羔羊生长发育快和饲料报酬高的特点,当年羔羊出栏,缩短育肥期,育肥效益好。

(4)种草、贮草养羊,广辟饲料来源　我们要改变传统的以放牧为主的养羊习惯,应大力推行圈养技术,实行人工种草、贮草养羊,保证羊只饲草饲料的均衡供应,消除牧草生长的季节性对羊只生长发育的影响。

(5)合理利用肉羊育肥添加剂　肉羊育肥过程中补充适量的微量元素以及其他一些生长促进剂、抗菌剂等饲料添加剂,可以大大提高肉羊的育肥效益。但所添加的必须是法律、法规所允许的成分,严格控制添加的方法和剂量,而且屠宰后在肌肉中无残留或残留量低,对人体健康不会造成危害或潜在的影响。

(6)实行肉羊频密产羔体系　通过激素处理或杂交等方式打破一些羊只季节

性繁殖特性，促进羊只一年四季发情配种，实现一年两产、两年三产的频密产羔体系，达到全年均衡产羔，均衡供应羊肉上市。

91 肉羊的放牧有何优势？

羊只放牧可充分利用自然资源，养羊成本低，产生良好的经济效益和生态效益，适合于饲养各种生产方向和品种类型的绵、山羊；是半农半牧区、山区、丘陵等地广泛采用的一种养羊生产模式。

92 肉羊放牧的方式有哪些？

(1)自由放牧方式　羊群自由运动，能大面积地利用草场。按照“春洼、夏岗、秋平、冬暖”原则选择牧场，但对牧草的总体利用率较低。

(2)围栏放牧方式　用电网或栅栏把羊群限制在一定范围内采食，减少羊群的运动量，牧草利用率比自由放牧提高15%，羊只增重提高10%～30%。完备的围栏放牧一般在草场上设有饮水、补料和敞棚等设施，也可在围栏边缘较好的地块种植牧草或玉米等。

(3)分区轮牧方式　分区轮牧又称划区轮牧，是把草场分成若干小块或小区，按羊只的用途和草场状况，供羊群轮回放牧，逐区采食，并保持经常有一个或几个小区的牧草休养生长。一般应保证羔羊和母羊吃到好草，羯羊吃较差的草；每一小区的放牧日数最多不超过2～3周；每小区再次放牧的间隔时间称放牧周期，周期长短取决于再生草的速度。

93 肉羊四季放牧的技术要求有哪些？

(1)春季放牧要求　春季母羊正处在怀孕后期或产羔育羔的重要时刻，对营养需求增加，除了白天放牧，晚上归牧后要加强补饲。春季放牧应特别注意天气变化，发现天气有变坏预兆时，应及早将羊群赶到羊圈附近或山谷地区放牧，避免因气候突变造成损失。

春季放牧出牧宜迟，归牧宜早，中午可不回圈，使羊群多采食。春季牧草返青，羊群易出现“跑青”现象。为避免“跑青”，有补饲条件的可在出牧前给羊群喂些干草，等羊半饱时再放到青草地上；无补饲条件的可先在枯草地上放牧，再放青草地。

春季毒草萌发早，羊群急于吃青误食毒草，引起中毒。因此，应随时注意草场情况及羊只表现，一旦有中毒现象，及时处理。为减少绵羊腐蹄病，应在露水消失后出牧。春季应重视羊群的驱虫工作，这对羊只在夏季体力的恢复和抓膘有很大影响。

(2)夏季放牧要求　夏季放牧应注意早出晚归，中午炎热时，要防羊“扎窝子”。应让羊群到通风、阴凉处休息，必要时，在放牧中途给予适当休息。夏季放牧应避免蚊虫多、闷热潮湿的低洼地，宜到凉爽的高岗山坡上，最好找有山葱、野蒜和有草药的地方放牧。这类牧草营养丰富，且有驱虫开胃的作用，有利于抓膘。

夏季出牧和归牧时要掌握“出牧急行，收牧缓行”和“顺风出牧，顶风归牧”的原则。夏季多雨，小雨可照常放牧，背雨前进，如遇雷阵雨，可将羊赶至较高地带，分散站立，如果雨久下不停，应不时驱赶羊群运动产热，以免受凉感冒。

(3)秋季放牧要求　秋季是抓满膘的最好时期，放牧中，注意将羊放饱、放好。秋季放牧的基本任务是要在抓好秋膘的基础上，使羊体充分蓄积脂肪，最大限度地提高羊只膘情，为安全越冬做好准备。

秋季也是羊只配种的季节，抓好秋膘有利于提高受胎率。因此，秋季放牧应选择草高而密的沟河附近或江河两岸、草茂籽多的地方放牧。尽可能延长放牧时间，每天放牧不少于10小时。到晚秋有霜冻时应避免羊只吃霜草影响上膘、患病、母羊流产等。

在半农半牧区，应结合茬地放牧，抢茬时羊只主要捡食地里的穗头和吃嫩草，跑动大，此时要注意控制羊群。

(4)冬季放牧要求　冬季放牧中，注意防寒、保暖、保膘、保羔。冬季放牧常常在村前村后和羊圈左右，让羊吃些树叶、干草，多让羊运动和晒太阳，孕羊切忌翻沟越岭。冬牧场应选择避风向阳、地势高燥、水源较好的山谷或阳坡低凹处。采取先远后近、先阴后阳、先高后低、先沟地后平地的放牧方法。

放牧不可走太远，这样，遇到天气骤变时，能很快返回牧场，保证羊群安全。由于冬季草地牧草枯黄、营养价值低，应及时对羊补草补料，使羊只安全过冬。

94 怎样捉羊、抱羊和导羊？

捕捉羊是管理上常见的工作，正确的捉羊方法是：右手捉住羊的后腱部，然后左手握住另一腱部，因为腱部皮肤松弛，不会使羊受伤，人省力，容易捕捉。

引导羊前进时，如拉住颈部和耳朵时，羊感到疼痛，用力挣扎，不易前进。正确的方法是一手在颌下轻托，以便左右其方向，另一手在坐骨部位向前推动，羊即前进。

放倒羊的时候，人应站在羊的一侧，一手绕过羊颈下方，紧贴羊只另一侧的前肢上部，另一只手绕过后肢紧握住对侧后肢飞节上部，轻托后肢，使羊卧倒。

95 怎样给肉羊编号？

（1）耳标法　耳标用铝或塑料制成，有圆形和长方形两种，长方形耳标在多灌木地区放牧易被挂掉，现用得不多；圆形耳标比较牢固，所以目前用得较普遍。圆形耳标的形状如子母扣，先用特制的钢字钉把需要的号数打在耳标上，上边第1个号为羊出生年份的最末一个数字，其次是羊的个体号，将耳标戴在左耳基下部。安置时用专用打耳钳打一圆孔，要注意避开血管，先需在拟打孔的地方用碘酒消毒，要在无蚊蝇季节安耳标。

（2）剪耳法　剪耳是用特制的钳子将耳朵剪上缺口或打上圆孔，以代表号码。其规定是，左耳作个位数，右耳为十位数。耳的上缘剪1缺口代表3或30，在左耳为3号，如在右耳则为30号；耳的下缘代表1或10，即在左耳时为1号，右耳则为10号。这个方法简便易行，一般养羊专业户适用。

（3）墨刺法　是用特制刺墨钳（上边有针制的字钉，可随意置换）蘸墨汁把号打在羊耳朵里边。本方法简便经济，且不掉号，缺点是有时字迹模糊，不易辨认。

96 怎样给公羊去势？

（1）结扎法　这种方法简单易操作。当公羔生后1周大时，将睾丸挤在阴囊里，用橡皮筋紧紧地结扎在阴囊上部，断绝血液流通，经过半个月左右，阴囊同睾丸萎缩干枯而自然脱落。

（2）刀切法　需要两人来协同操作，一人两手握住羔羊的两条腿，使羊倒立，背部朝着自己，腹部向外露出睾丸，用腿把羊的颈部夹住。另一人用碘酒消毒阴囊外部，消毒后手术者用左手紧握阴囊上部，防止睾丸缩回腹腔内。右手用消过毒的小刀在阴囊的下方切开一小口（切口大小能挤出睾丸为度），切开后把睾丸连同精索拉出撕断（一般不用剪刀剪或刀割），给伤口涂上碘酒。用同样方法切除另一个睾丸即可。刀切去势后的羔羊，要放在清洁褥草的羊圈内，以防感染。

97 怎样给肉羊修蹄？

羊蹄若长期不修，不仅影响羊行走，而且会引起蹄病，严重时会造成羊行走异常、采食困难、生产性能下降。

羊修蹄可选在雨后进行，此时蹄壳较软，容易操作。修蹄的工具主要有蹄刀、蹄剪（也可用其他刀、剪代替）。修蹄时，羊呈坐姿保定，背靠操作者。一般先从左前肢开始，术者用左腿夹住羊的左肩，使羊的左前膝靠在人的膝盖上，左手握蹄，右手持刀、剪，先除去蹄下的污泥，再将蹄底削平，剪去过长的蹄壳，将羊蹄修成椭圆形。修蹄时要细心操作，动作要准确、有力，要一层一层地往下切削，不可一次切削过深，一般削至可见到淡红色的微血管为止，不可伤及蹄肉。修蹄时若不慎伤及蹄肉，造成出血时，可视出血多少采用压迫法止血或烧烙法止血。烧烙时应尽量减少对其他组织的损伤。

98 怎样给肉羊去角？

肉用公母羊一般都有角，有角羊在角斗时容易造成伤害，有时饲养管理也不方便，甚至有时对饲养员造成人身伤害。因此生产中常将有角的羊采用人工进行去角，一般在羔羊出生后 7～10 天去角，去角常用方法有化学去角法和烧烙法两种。

（1）化学去角法　就是用火碱，在羔羊出生 10 天左右，将角基部周围毛剪去，周围涂抹凡士林，取一棒状火碱在角蕾处由内向外旋转涂擦，反复多次，将皮肤涂擦有血液浸出为止，涂擦部位以略大于角基部为好。去角后应擦净火碱，半天内避免和母羊接触，防止烧伤母羊乳房，去角后可给伤口撒上少量的消炎粉。术后应将羔羊两后肢适当捆住，松紧程度以两后肢能站立和缓慢行走为宜。

（2）烧烙法　将烙铁于炭火中烧至暗红后，对保定好的羔羊的角基部进行烧烙，烧烙的次数可多些，但每次的烧烙次数不超过 1 分钟，当表皮皮肤破坏，并伤及角质组织后结束，对术部进行消毒。在条件较差的地区，也可用 2～3 根 40 厘米长的锯条代替烙铁使用。

99 怎样给肉羊断尾？

羔羊断尾可以加速肉羊生长、改进肉质、减少膻味。羔羊在 2～21 日龄均可断尾，但以 2～7 日龄最为适宜。断尾时间最好在晴天早上进行。

（1）结扎法　用弹性较好的胶皮筋，套在羔羊第 2～3 尾椎之间，使尾下部得不到营养而萎缩，经 10 天即自行脱落。

（2）快刀断尾　先用细绳捆住尾根，断绝血液流通，然后用快刀离尾 4～5 厘米处切断，用纱布包扎好，当天下午，即可将系绳解开，经 5～7 天即愈。

100 怎样给肉羊饮水和喂盐？

羊夏季每天可饮水两次，其他季节每天至少饮水1次。饮水以河水、井水或泉水最好，死水易使羊感染寄生虫病，不宜饮用。饮河水时应把羊群散开避免拥挤，饮井水时应安装适当长度的饮水槽。充足饮水能使羊只保持良好的食欲，有助于草料消化吸收。羊的日饮水量为3～5升，最大饮水量为2.0～2.5千克。

每羊每日可喂给食盐5～10克。食盐可以单独放在饲槽或专用盐槽里让羊自由舔食或粉碎掺在精料里喂都可以。碱滩或盐湖附近的牧草含盐分较多，在这里放牧，可不再补盐。

四、肉羊的营养与饲料

101 肉羊的生活习性特点有哪些?

(1)合群性强　羊的群居行为很强,很容易建立起群体结构,主要通过视、听、嗅、触等感官活动,来传递和接受各种信息,以保持和调整群体成员之间的活动,头羊和群体内的优胜序列有助于维系此结构。

(2)食物谱广　羊的颜面细长,嘴尖,唇薄齿利,上唇中央有一中央纵沟,运动灵活,下颚门齿向外有一定的倾斜度,对采食地面低草、小草、花蕾和灌木枝叶很有利,对草籽的咀嚼也很充分,素有"清道夫"之称。

(3)喜干厌湿　"羊性喜干厌湿,最忌湿热湿寒,利居高燥之地",说明养羊的牧地、圈舍和休息场所,都以高燥为宜。如久居泥泞潮湿之地,则羊只易患寄生虫病和腐蹄病,甚至毛质降低,脱毛加重。

(4)嗅觉灵敏　羊的嗅觉比视觉和听觉更灵敏,这与其发达的腺体有关,具体作用表现在以下三方面。

①识别羔羊　羔羊出生后与母羊接触几分钟,母羊就能通过嗅觉鉴别出自己的羔羊。

②辨植物　羊在采食时,能依据植物的气味和外表细致地区别出各种植物或同一植物的不同品种(系),选择含蛋白质多、粗纤维少、没有异味的牧草采食。

③辨饮水清洁　羊喜欢饮用清洁的流水、泉水或井水,而对污水、脏水等拒绝饮用。

(5)善于游走　游走有助于增加放牧羊只的采食空间,特别是牧区的羊终年以放牧为主,需长途跋涉才能吃饱喝好。

102 肉羊的消化特点有哪些?

肉羊的消化机能特点是由其胃肠道特点所决定的。羊属于反刍动物,由瘤胃、网胃、瓣胃和皱胃四个胃组成的。前三个胃的黏膜无腺体组织，合称前胃，皱胃黏膜内分布有消化腺，称为真胃。

(1)瘤胃　羊的瘤胃是一个巨大的生物发酵罐，具有贮藏、浸泡、软化粗饲料的作用。瘤胃中独特的生态环境为微生物的生长和繁殖创造了适宜条件。

(2)网胃　网胃与瘤胃共同参与饲料的发酵作用。网胃运动可将食糜由网胃移送至瓣胃，网胃的收缩对于维持羊的反刍和逆呕具有重要作用；同时，网胃也是挥发性脂肪酸、氨等消化代谢产物的重要吸收部位。

(3)瓣胃　瓣胃内分布有许多页片，对由网胃来的食糜具有进一步研磨、过滤和压榨作用，将食糜中水分吸收而使食糜浓缩。

(4)皱胃　皱胃可分泌各种消化酶及盐酸，其结构与功能与单胃肉羊的胃相似，主要参与蛋白质、脂肪和碳水化合物的消化作用，并有较强的吸收功能。

(5)肠道　肠道是羊的主要消化吸收器官。小肠可分泌大量蛋白酶、脂肪酶、淀粉酶等消化酶，分解营养物质并通过肠道绒毛膜上皮细胞吸收。大肠则主要是吸收水分，形成粪便。凡小肠内未消化尽的营养物质，也可在大肠微生物和由小肠液带来的各种酶的作用下继续消化吸收。由于羊在消化器官构造上有以上特点，所以比一般家畜能更好地消化利用饲料中的营养物质。

103 肉羊的食性特点是什么？

肉羊食性广，耐粗饲。肉羊能较好地利用粗饲料，对粗饲料的消化利用主要依靠瘤胃。瘤胃为微生物提供了良好的生存环境，使微生物与羊形成“共生关系”，彼此有利。羊能够较好地利用粗纤维，全靠瘤胃内的微生物。肉羊本身不能产生粗纤维水解酶，而微生物可以产生这种酶，把饲料中的粗纤维分解成容易消化的碳水化合物。微生物利用瘤胃的环境条件和瘤胃中的营养物质大量繁殖，形成大量的菌体蛋白，随着胃内容物的下移和微生物的死亡分解，在小肠被羊吸收利用而得到大量的蛋白质营养物质。

104 肉羊的营养需要有何特点？

肉羊维持正常的生长发育和生产，必须从饲料中摄取营养物质，如蛋白质、脂肪、维生素和矿物质等。用于满足维持繁殖、生长、哺乳、育肥、毛产等方面的营养需求。

(1)维持需要　维持需要是指羊在休闲状态下，维持其生命正常活动所需的营养总和。只有在满足维持需要蛋白质需要之后，其余的部分才能用来繁殖和生产产品。

(2)繁殖需要　繁殖使公、母羊的活动量增加，代谢增强，所需要的营养物质相应增加。例如在繁殖季节，公羊在维持基础上需增加能量20%～30%，蛋白质40%～50%，以及适量的矿物质、维生素等。

(3)生长需要　羊从出生到1.5～2.0岁初配以前是生长发育时期。羔羊哺乳期生长迅速，一般日增重可达200～300克，要求饲料和蛋白质的数量足，质量好。

(4)泌乳需要　哺乳羔羊每增重1千克需要母乳5千克，而每产生1千克母乳需消化6 276～7 531千焦，可消化蛋白质55～65克，钙3.6克，磷2.4克。

(5)育肥需要　育肥就是增加羊体肌肉和脂肪，并改善肉羊的品质。所增加的肌肉主要由蛋白质构成，增加的脂肪主要蓄积在皮下结缔组织、腹腔和肌间组织，育肥时所供给的营养物，必须超过维持需要，这样才能蓄积肌肉和脂肪。育肥羔羊包括生长和育肥两个过程，所以营养充分时增重快，育肥效果好。

(6)产毛需要　羊毛主要由蛋白质构成，产1千克羊毛约需8千克植物性蛋白质。

105 不同阶段羊的建议饲料配方有哪些？

(1)泌乳前期母羊精料配方

配方1:玉米60%、棉籽粕15%、豆粕12%、小麦麸8%、磷酸氢钙2%、石粉1%、食盐1%、预混料1%。

配方2:玉米55%、棉籽粕12%、玉米酒精糟(DDGS)12%、菜籽粕9%、小麦麸8%、磷酸氢钙1%、石粉1%、食盐1%、预混料1%。

(2)泌乳后期母羊精料配方　玉米60%、棉籽粕12%、大豆粕8%、小麦麸16%、磷酸氢钙1%、石粉1%、食盐1%、预混料1%。

(3)哺乳母羊精料配方1　玉米58%、大豆粕29%、小麦麸9%、磷酸氢钙1%、石粉1.5%、食盐0.5%、预混料1%。

(4)哺乳母羊精料配方2　玉米61%、大豆粕7%、小麦麸28%、磷酸氢钙0.5%、石粉1.5%、食盐1%、预混料1%。

106 肉羊的饲料中有哪些营养成分？

肉羊饲料中主要营养成分有：水、矿物质、蛋白质、碳水化合物、粗脂肪和维生素六大类。

(1)水　有助于溶解饲料，作为饲料和排出物的载体，帮助维持肉羊体内的渗透压和防止体温的剧烈变化。

(2)矿物质　不仅是肉羊骨骼和乳汁的主要成分，而且能维持体内渗透压、酸碱平衡水平，并有助于呼吸作用等。

(3)蛋白质　蛋白质是修补和更新组织，提供合成激素，形成肉和乳的主要成分。

(4)碳水化合物　碳水化合物是肉羊的主要能量来源。

(5)脂肪　脂肪是肉羊体储备能量的来源。

107 能量对肉羊有什么营养作用？

能量是肉羊的基础营养之一，能量水平是影响生产力的重要因素。肉羊对能量的需要，实则是对占饲料90%以上有机物质的总需要。只要能量得到满足，各种营养物质如蛋白质、矿物质、维生素等才能发挥其营养作用。否则，即使这些营养物质在日粮的含量能满足需要，仍会导致肉羊体重下降、生产性能下降、健康恶化。

(1)维持生命　肉羊所进行的所有生命活动，包括营养物质的消化吸收、物质转运、代谢、废弃物的排泄、各种肌肉活动、呼吸、血液循环、神经活动、腺体分泌等都需要消耗能量，没有能量，生命活动就无法进行。

(2)维持体温　体温的维持是由体内的产热和散热两个生理过程来进行调节的，当散热等于产热时则体温维持恒定。

(3)生产肉羊产品　肉羊的生长、繁殖、生产产品等过程主要体现在营养物质在肉羊体、胎儿和产品(肉、奶、皮毛)中的沉积，其中蛋白质、脂肪和碳水化合物的沉积都需要消耗能量。

108 蛋白质对肉羊有什么营养作用？

(1)构建机体组织细胞的主要原料　肉羊的肌肉、神经、结缔组织、皮肤、毛发、角、喙、腺体、血液、精液等都以蛋白质为主要成分，起着传导、运输、支持、保护、连接、运动等多种功能。肌肉、肝、脾等组织器官的干物质含蛋白质80%以上。

(2)机体内功能物质的主要成分　在肉羊的生命和代谢活动中起催化作用的酶、某些起调节作用的激素、具有免疫和防御机能的抗体(免疫球蛋白)都是以蛋白质为主要成分。

(3)组织更新、修补的主要原料 在肉羊的新陈代谢过程中,组织和器官的蛋白质的更新、损伤组织的修补都需要蛋白质。

(4)供能和转化为糖、脂肪 在机体能量供应不足时,蛋白质也可分解供能,维持机体的代谢活动。当摄入蛋白质过多或氨基酸不平衡时,多余的部分也可能转化成糖、脂肪或分解产热。

(5)遗传物质的基础 肉羊的遗传物质DNA与组蛋白结合成为核蛋白,核蛋白存在于染色体上,将本身所蕴藏的遗传信息,通过自身的复制过程遗传给下一代。

(6)肉羊产品的重要成分 蛋白质是形成肉、奶、皮毛等产品的重要原料。各种肌肉的蛋白质含量在16%~22%。

109 脂肪对肉羊有什么营养作用?

(1)构成肉羊体组织的重要成分 肉羊的各种组织器官,如皮肤、肌肉、神经、血液及内脏器官中均含脂肪,主要为磷脂和固醇类等。脂肪也是组织细胞增殖、更新及修补的原料。

(2)脂肪在肉羊体内的主要功能与贮能形式 脂肪为高能物质,在体内氧化产生的能量为同重量碳水化合物的2.25倍。脂肪的分解产物游离脂肪酸和甘油都是供给肉羊维持生命活动和生产的重要能量来源。肉羊摄入过多有机营养物质时,能够以脂肪的形式将能量贮备起来。而体脂肪能以较小体积含藏较多的能量,是肉羊贮备能量的最佳方式。

(3)作为脂溶性维生素的溶剂 脂溶性维生素A、维生素D、维生素E、维生素K及胡萝卜素,在肠道内必须溶于脂肪后,才能被肉羊消化吸收。日粮中脂肪不足,可导致脂溶性维生素的缺乏。

(4)脂类的保护作用 脂肪不易传热,因此,皮下脂肪能够防止体热的散失,在寒冷季节有利于维持体温的恒定。脂肪充填在脏器周围,具有固定和保护器官以及缓和外力冲击的作用。

(5)构成肉羊产品的成分 肉羊产品肉、奶及皮毛等均含有一定数量的脂肪。因此,脂肪的缺乏,也会影响到肉羊产品的形成和品质。

110 矿物质对肉羊有什么营养作用?

①矿物质是构成肉羊体组织、细胞和体液的重要成分,特别是骨骼的最主要成

分。如钙、磷、镁及其盐类是骨骼和牙齿的主要组成成分；铁、铜、碘、硒在体液中含量基本稳定。

②矿物质在调节体内酸碱和渗透压平衡方面起着重要作用，使体液保持恒定的 pH 和渗透压，以维持肉羊的正常生命活动。如钠、钾、氯等以离子形式维持体液电解质平衡和酸碱平衡。

③矿物质是维持神经、肌肉的正常功能所必需的物质。如钾、钠、钙、镁等元素可以调节和平衡神经、肌肉兴奋性。

④矿物质是肉羊体内多种酶的成分或激活剂。如锌、锰、铜、硒等参与辅酶或辅基的组成；镁、氯是一些酶的激活剂。

⑤矿物质是构成肉羊产品的重要成分。

111 维生素对肉羊有什么营养作用？

维生素是肉羊生长发育、繁殖后代和维持生命所必需的重要营养物质，维生素主要以辅酶和催化剂的形式广泛参与肉羊体内代谢的多种化学反应，从而保证机体组织器官的细胞结构和功能正常，以维持肉羊的健康和各种生产活动。

(1)调控营养物质的消化、吸收和代谢　维生素作为调节因子或酶的辅酶或辅基的成分，参与蛋白质、脂肪和碳水化合物三种有机物的代谢过程，促进其合成与分解，从而实现代谢调控作用。

(2)激发和强化机体的免疫机能、抗应激　肉羊生产中有许许多多的应激因素，如营养不良、饲养管理不当、疾病、冷热、接种疫苗、惊吓、运输、转群、换料、有害气体的侵袭等，致使肉羊生产性能下降，自身免疫机能降低，发病率上升，都可以通过应用抗应激营养物质提高肉羊自身抗应激能力。

(3)提高肉羊繁殖性能　与肉羊繁殖性能有关的维生素有维生素 A、维生素 E、维生素 B_2、泛酸、烟酸、维生素 B_{12}、叶酸及生物素等，其需要量高于同等体重的商品肉羊。

肉羊瘤胃微生物能合成机体所需的 B 族维生素和维生素 K。

112 氨基酸对肉羊有什么营养作用？

蛋白质是由多种氨基酸组成的，对蛋白质的需求也就是对氨基酸的需求。它是细胞的重要组织成分。参与机体内代谢过程中的生化反应，在生命过程中起着重要作用。

(1)赖氨酸　赖氨酸是肉羊体内合成细胞蛋白质、血红蛋白、酶蛋白、核蛋白及多肽激素所必需的氨基酸,也是脂肪代谢酶中肉毒碱的前提。

(2)蛋氨酸　蛋氨酸又称甲硫氨酸。作为肉羊体代谢过程中重要的甲基供体,通过甲基转移,参与肾上腺素、胆碱和肌酸的合成;肝脏脂肪代谢中,参与脂蛋白的合成,将脂肪输出肝外,防止脂肪肝的产生,降低胆固醇;此外,还具有促进肉羊被毛生长的作用。

(3)色氨酸　色氨酸是5-羟色胺、褪黑激素、色胺、烟酰胺腺嘌呤二核苷酸、烟酸等的前体物质,参与血浆蛋白的更新,能促进核黄素作用的发挥,并具有神经冲动的传递功能;是幼龄肉羊生长发育和成年肉羊繁殖、泌乳所必需的氨基酸。

由于肉羊瘤胃微生物可合成菌体蛋白,菌体蛋白富含必需基酸,所以饲粮一般不需要考虑添加必需氨基酸。但对于早期断奶羔羊,瘤胃微生物功能尚未完善,配制日粮时要有所考虑。

113 水对肉羊有什么营养作用?

肉羊对水的需要比其他营养物质的需要更重要。肉羊短期缺水,生产力下降;肉羊长期饮水不足,会损害健康;严重缺水会危及肉羊的生命。一只饥饿羊可以失掉几乎全部脂肪、半数以上蛋白质和体重40%仍能生存,但失掉体重1%~2%的水,即出现渴感,食欲减退。继续失水达体重8%~10%,则引起代谢紊乱。失水达体重20%,可使羊致死。

妊娠母羊随妊娠期的延长,特别是在妊娠后期要保证干净的饮水,以保证顺利产羔和分娩后泌乳的需要。一般全天泌乳母羊需要4.5~9.0千克清洁饮水。肉羊饮水的水温不能超过40℃,因为水温过高会造成瘤胃微生物的死亡,影响瘤胃的正常功能。在冬季,饮水温度不能低于5℃,温度过低会抑制微生物活动,且为维持正常体温,肉羊必须消耗自身能量。

114 肉羊常用的饲料有哪些类型?

(1)按营养价值分类

①配合饲料(全价配合饲料)指应能满足饲养肉羊营养需要(除水分外)的饲料,简称配合饲料。

②精料补充料　是为补充以粗饲料、青饲料、青贮饲料为基础的草食肉羊的营养不足,而用多种精料原料按一定比例配制的饲料,主要由能量饲料、蛋白质饲料

和矿物质饲料组成。精料补充料是目前养羊生产中最常见的配合饲料形式。

③添加剂预混料　是由一种或多种饲料添加剂与载体或稀释剂按一定比例扩大稀释后配制的预混物，是配合饲料生产的中间产品，一般占精料补充料的0.2%～1.0%。

④浓缩饲料　是由蛋白质饲料、矿物质饲料、微量元素、维生素和非营养性添加剂等按一定比例配制的均匀混合物，是配合饲料的中间产品，一般占精料补充料的20%～40%。

(2)按物理性状分类

①粉状饲料　粉状饲料是多种饲料原料的粉状混合物。

②颗粒饲料　颗粒饲料是用压模将粉状饲料挤压而成的粒状饲料。具有营养均匀、饲喂过程中避免肉羊挑食、浪费少、贮藏及运输过程中不会自动分级、易贮藏等优点。

③块状饲料　块状饲料常作为肉羊的舔砖。羊饲料舔砖常用的有矿物盐砖、精料补充料砖和驱虫砖。

④膨化饲料　在肉羊饲料中，常补充尿素作为非蛋白氮，通常将尿素与谷物如玉米、燕麦等和对氨离子有选择性吸附作用的保护剂及其他添加剂，经膨化制成粒状补充饲料。

115 肉羊常用的青绿饲料有哪些？

(1)禾本科牧草

①羊草　羊草又名碱草，在我国主要分布于东北、西北、华北和内蒙古等地。

②芒麦　芒麦又名垂穗大麦草、西伯利亚碱草。芒麦是禾本科披碱草属多年生牧草，在我国主要分布在东北、西北和内蒙古一带。

③披碱草　披碱草又名野麦草、直穗大麦草，在我国主要分布在“三北”(东北、华北、西北)地区。

④苇状羊茅　近年来在陕、甘、晋、豫、鄂、湘、滇、苏、浙、皖、鲁等省表现出了良好的适应性和较高的产量。

⑤黑麦草　在我国亚热带高海拔、降水量较多地区广泛栽培的一种优良牧草。

(2)豆科牧草

①紫花苜蓿　我国主要分布在“三北”地区。苜蓿被称为“牧草之王”，不仅是由于它的草质优良，营养丰富，而且是由于其具有广泛的适应性。

②沙打旺　沙打旺又名直立黄芪，为豆科黄芪属多年生草本植物。我国豫、

冀、鲁等省作为牧草和绿肥栽培。

③红豆草　在我国甘、宁、陕、青、川、藏等省区大面积种植,成为我国干旱地区很有发展前途的重要豆科牧草。

④小冠花　我国在北京、陕西、山西、南京等地种植。

⑤红三叶　红三叶又名红车轴草,为豆科三叶草属多年生牧草。在我国长江流域以南均有种植。

116 肉羊常用的青绿饲料有什么特点?

①营养相对平衡的饲料,干物质少,能量相对较低。

②蛋白质含量丰富,氨基酸组成比较完全,赖氨酸、色氨酸和精氨酸较多,营养价值高。

③维生素含量丰富,特别是胡萝卜素含量较高,B 族维生素、维生素 E、维生素 C 和维生素 K 含量也较丰富,但缺乏维生素 D、维生素 B_6很少。

④钙、磷比较丰富,比例较为适宜。

⑤青绿饲料中含有丰富的铁、锰、锌、铜等微量元素,如果土壤中不缺乏某种元素,那么各种元素均能满足肉羊的营养需要。

在羊生长期可用优良青绿饲料作为唯一的饲料来源,但若在育肥后期加快育肥则需要补充谷物、饼粕等能量饲料和蛋白质饲料。

117 肉羊饲喂青绿饲料应注意哪些问题?

①刈割后立即饲喂,避免维生素大量损失。

②注意适时刈割　豆科牧草在现蕾盛期至始花期,而禾本科牧草在抽穗期至开花期。

③防止臌胀病　肉羊采食大量豆科牧草(如苜蓿、三叶草等)后在胃中形成气泡,阻碍气体排放从而导致胃臌胀。

④防止亚硝酸盐中毒　蔬菜类饲料中含有毒性低的硝酸盐,在潮湿高温条件下产生毒性高的亚硝酸盐。为避免亚硝酸盐中毒,蔬菜类饲料应新鲜生喂。腐烂变质的青绿饲料不要饲喂肉羊。

⑤防止氢氰酸和氰化物中毒　高粱苗、玉米苗、马铃薯幼苗、木薯、南瓜蔓经过堆放发霉、霜冻枯萎,或在植物体内特殊酶的作用下可以被水解生成氢氰酸。

⑥防止草木樨中毒　草木樨本身不含有毒物质,但当草木樨发霉腐败时,在细

菌作用下，可使其所含的香豆素变为双香豆素，其结构式与维生素K相似，二者具有拮抗作用。

⑦防止农药中毒　蔬菜园、棉花园、水稻田刚喷过农药后，其邻近的杂草或蔬菜不能用作饲料，等下过雨后或隔1个月后再割草利用，谨防引起农药中毒。

⑧防止某些植物因含有毒物而引起肉羊中毒　如夹竹桃、嫩栎树芽、青枫叶等有毒植物。

⑨水生饲料寄生虫　水生饲料易带来寄生虫病。解决方法是饲用前消毒和漂洗。

118 肉羊常用的粗饲料有哪些？

粗饲料指在饲料天然水分含量在45%以下，干物质中粗纤维含量大于或等于18%的一类饲料。该类饲料包括干草类、农副产品类（农作物的荚、蔓、藤、壳、秸、秧等）、树叶类、糟渣类。

（1）干草　干草指将牧草及禾谷类作物在质量和产量最好的时期刈割，经日晒或人工干燥而制得的能够长期保存的饲草。制作良好的干草，在干制后仍保持有一定青绿色，称之为青干草。干草是草食动物最基本、最主要的饲料。生产实践中，干草不仅是一种必备饲料，而且还是一种贮备形式，以调节青饲料供给的淡旺季，缓解枯草季节饲料的不足。

（2）秸秕类饲料　秸秕饲料即农作物秸秆和秕壳。

①秸秆类　秸秆饲料包括禾本科、豆科和其他科秸秆，禾本科秸秆包括小麦秸、玉米秸、稻草、大麦秸、燕麦秸等，豆科秸秆主要有大豆秸、花生秸、蚕豆秸、豌豆秸等，其他秸秆有油菜秆、枯老苋菜秆等。玉米秸、麦秸、稻草是我国主要的三大秸秆饲料。

②秕壳类　农作物收获脱粒时，分离出许多包被籽实的颖壳、荚皮与外皮等，这些物质统称为秕壳，包括谷壳、高粱壳、花生壳、豆荚、棉籽壳、秕谷以及其他脱壳副产品。一般来说，秕壳的营养价值略高于同一作物的秸秆（稻壳、花生壳、高粱壳例外）。

119 肉羊常用的粗饲料有什么特点？

（1）体积大　粗饲料具有较大体积，限制了肉羊采食量，过多的这类饲料会限制能量摄取，但它却是刺激反刍和维持健康所必需的。

(2)高纤维低能量　一般情况下，牧草的纤维含量越高，所含的能量就越低。

(3)蛋白质含量各异　豆科植物在不同的成熟阶段可含15%～23%粗蛋白，草类一般含有8%～13%粗蛋白(取决于施加氮肥的程度)，但作物秸秆只含3%～4%的粗蛋白(如稻草)。

(4)收割时期　牧草收割时期可极大地影响其饲喂价值，牧草的生长阶段可分为三个连续的时期，即茎叶生长期、开花期和种子形成期。通常，牧草的饲喂价值在茎叶生长期是最高的，而在种子形成期是最低的。随着牧草的成熟，所含有的蛋白质、能量、钙、磷和可消化的营养物质降低，而纤维成分升高。由于纤维成分的增加，纤维中的木质素也相应提高。木质素是不能被消化的，并使纤维中的碳水化合物难以被瘤胃微生物所利用，而降低了牧草的能量价值。因而，用于饲喂肉羊的牧草应当在其早期成熟阶段收割或放牧，用以作为青贮饲料的玉米和高粱宜在种子形成期收获。

120 粗饲料加工的目的和作用是什么?

粗饲料加工的目的是根据肉羊的生理和消化特点，以及粗饲料的营养特点和饲喂特点，通过加工调制的手段获得饲料中最大的潜在营养价值和生产效益。

粗饲料的加工主要有以下几方面的作用：

①改变饲料的物理性状(如柔软度、水分、体积的变化)，从而提高肉羊对饲料的采食和消化率。

②改善粗饲料的适口性，增加肉羊可采食饲料的种类。

③提高饲料的营养成分和营养价值。

④去除或减少饲料中的某些抗营养成分，减少饲料营养在消化利用中的损失。

⑤便于长期储存和运输，便于饲料的配合。

121 肉羊饲喂粗饲料应注意哪些问题?

肉羊饲喂粗饲料需进行加工，加工方法主要包括有物理法、化学法和生物法。

(1)物理法　物理法仅能有限提高粗饲料的消化率和采食量，不能增加、提高其营养价值。其中机械加工方法操作最简单，成本也最低。

①机械加工　机械加工包括切短、粉碎和揉碎。

②热加工　热加工主要有指蒸煮、膨化和高压蒸汽裂解3种方法。

③盐化　指铡碎或粉碎的秸秆饲料，用食盐水与等重量的秸秆充分搅拌后，放

入容器内或在水泥地面堆放，用塑料薄膜覆盖，放置12～24小时，使其自然软化，可明显提高适口性和采食量。

(2)化学法　化学法是指用酸碱等化学物质处理粗饲料，可以打开纤维素和半纤维素与木质素之间的酯键，使之更易为瘤胃微生物所消化，从而提高消化率的方法。主要有碱化、氨化和氨-碱复合处理3种。

(3)生物法 生物法主要是指微生物的处理，如青贮饲料。

122 肉羊常用的多汁饲料有哪些？有什么特点？应注意哪些问题？

(1)种类　肉羊常用的多汁饲料有胡萝卜、甘薯、马铃薯、甜菜、甘蓝、萝卜、西葫芦、南瓜及青贮饲料等。

(2)特点　这类饲料含水分多，质脆多汁，且含有丰富的维生素和糖类，粗纤维少，适口性强，容易消化，能促进泌乳，是肉羊越冬期间不可缺少的饲料。

(3)注意事项　饲喂时应洗净，切成小块，或切成片状、丝状，块大时容易造成食道梗塞。染有黑斑病的甘薯和发芽的马铃薯不能喂用，否则容易使肉羊发生中毒。鲜用时，水分高，能值低，若单独饲用这类饲料，则干物质和能量的采食量难以保证，而且矿物质、蛋白质和维生素均不能满足肉羊的需要。因此，必须与其他饲料配合使用。

123 肉羊常用的多汁饲料有什么营养特点？

①鲜样含水量高，一般为75%～90%；干物质含量少，仅为10%～25%。

②以干物质为基础，无氮浸出物为60%～88%，其中主要是淀粉；粗纤维占3%～10%，木质素几乎为零，所以消化率高。

③粗蛋白特低，5%～10%，且多为非蛋白氮。

④矿物质较低，为0.8%～1.8%，钙、磷缺乏，但钾、氯高。

⑤缺乏维生素。除胡萝卜、黄南瓜、红心甘薯含有较丰富的胡萝卜素外，其他块根块茎都缺乏胡萝卜素。

⑥适口性和消化性好，以干物质计，有效能值高，属于高能饲料之一。

124 肉羊饲喂多汁饲料应注意哪些问题？

(1)甘薯　又称白薯、红薯、红苕、地瓜、番薯等，新鲜甘薯多汁，有甜味，肉羊均喜采食，有促进消化、贮积脂肪和增加产奶的效果。其生喂和熟喂的干物质及能量消化率基本相同，但蛋白质消化率则熟喂比生喂约高1倍。甘薯中各种矿物元素，如钙、磷、铁、铜、锰、锌、硒等的含量，在能量饲料中均居于末位，饲用时必须添加补充。

(2)马铃薯　又称土豆、洋芋、地蛋、山药蛋等。饲用马铃薯时，应与蛋白质饲料、谷实饲料等混喂效果较好。马铃薯含有龙葵素，采食过多会使肉羊患胃肠炎。成熟的块茎含量不多，但当发芽时，龙葵素就大量生成。一般在块茎青绿色的皮上、芽眼及芽中最多。

(3)胡萝卜　胡萝卜鲜品中水分含量高，容积大，冬季青饲料缺乏时，在干草和秸秕饲料比重较大的肉羊日粮中加入一些胡萝卜，可以改善日粮的口味，调节代谢机能。胡萝卜对种羊有很好的调养作用。

(4)饲用甜菜　又称甜萝卜，品种很多。甜菜喂量不宜过大，因其中含有大量有机酸，会引起腹泻。饲喂种羊时，过量则影响奶的品质。饲用甜菜与优质干草混合饲用效果较好。

(5)瓜类　主要代表为南瓜，南瓜干物质中无氮浸出物占60%～70%，以干物质基础比较，南瓜的有效能值与薯类相似。肉质黄色的南瓜富含胡萝卜素。南瓜切碎后可喂各种肉羊，煮熟后适口性更佳。饲用品种南瓜单产高，但干物质稍低。

125 肉羊常用的能量饲料及营养有哪些？

能量饲料是指干物质中粗纤维含量在18%以下，粗蛋白质含量在20%以下的饲料，这类饲料一般淀粉含量高，易于消化，有效能值高。能量饲料包括谷物籽实类、糠麸类和其他类(如油脂、糖蜜等)。

(1)谷物籽实类饲料　常用谷物籽实类饲料包括玉米、大麦、小麦、高粱、稻谷、糙米、碎米、燕麦和荞麦。

(2)糠麸类饲料　与其对应的谷物籽实相比，糠麸类饲料的粗纤维、粗脂肪、粗蛋白质、矿物质和维生素含量高，无氮浸出物(主要是淀粉)则低很多，有效能值低。常用糠麸类饲料原料包括小麦麸、次米糠、脱脂米糠、小米糠、高粱麸和玉米麸等。

(3)其他加工副产品

①油脂类饲料　油脂是油与脂的总称，按照一般习惯，在室温下呈液态的称为“油”，呈固态的称为“脂”。

②糖蜜　糖蜜是甘蔗和甜菜制糖的副产物。糖蜜中仍残留大量的蔗糖，含有大量的有机物和无机盐，还含有20%～30%水分。干物质中粗蛋白含量很低，为

4%～10%，其中的非蛋白氮比例较大。糖蜜的灰分较高，占干物质的8%～10%。糖蜜具有甜味，肉羊喜采食，但糖蜜具有轻泻性，日粮中糖蜜量大时，粪便发黑稀薄。

126 肉羊常用的能量饲料有什么特点？

能量饲料是指饲料干物质中粗纤维含量低于18%、粗蛋白质含量低于20%的饲料。包括谷实类、糠麸类、淀粉质块根块茎类、糟渣类等。

(1)玉米　玉米粗纤维含量少，脂肪含量高，无氮浸出物高，且主要是淀粉，消化率与可利用能值高。玉米因适口性好、能量含量高，在瘤胃中的降解率低于其他谷类，可以通过瘤胃到达小肠的营养物质比较高，可大量用于肉羊日粮中。

(2)大麦　大麦的蛋白质平均为11%；氨基酸组成中赖氨酸、色氨酸、异亮氨酸等含量高于玉米。

(3)小麦　可利用能值接近玉米。粗蛋白质含量居谷实类之首位，一般12%以上，必需氨基酸尤其是赖氨酸不足。小麦是肉羊很好的能量来源，但日粮中配比应控制在50%以下，否则易引起瘤胃酸中毒。

(4)小麦麸和次粉　蛋白质含量较高(15%～15.5%)，但品质较差。维生素含量丰富，特别是富含B族维生素，矿物质含量丰富，但缺乏钙，磷含量高，但主要是植酸磷。不过已有研究证明，小麦麸存在较高活性的植酸酶。

(5)米糠和脱脂米糠　米糠中含有和17%左右的粗脂肪，含有大量不饱和脂肪酸，易被氧化酸败，不易保存。另外，米糠还含有胰蛋白抑制酶因子，其活性很高，饲用量过大或贮藏不当均会抑制生长。

脱脂米糠与米糠相比，脱脂米糠的粗脂肪含量大大减少，特别是米糠粕的脂肪含量仅有2%左右，粗纤维、粗蛋白质、氨基酸和微量元素均有所提高，而有效能值下降。

127 肉羊常用的蛋白质饲料及营养有哪些？

蛋白质饲料是指饲料干物质中粗蛋白质含量不低于20%、粗纤维含量低于18%的饲料。蛋白质饲料可分为植物性蛋白质饲料、动物性蛋白质饲料、单细胞蛋白质饲料和非蛋白氮饲料。肉羊饲料不能使用动物性蛋白质饲料原料。

(1)植物性蛋白质饲料　包括豆类籽实、饼粕类和其他植物性蛋白质饲料。肉羊常用的蛋白质饲料籽实包括大豆、豌豆、蚕豆等；饼粕类包括大豆饼粕、棉籽饼粕、菜籽饼粕、花生饼粕、亚麻饼粕、葵花籽饼粕和芝麻饼粕;其他植物性蛋白质饲料包括玉米蛋白粉、玉米酒糟类和浓缩叶蛋白。

(2)单细胞蛋白质饲料　单细胞生物产生的细胞蛋白质称为单细胞蛋白质饲料(SCP)。目前可供作饲料用的SCP微生物主要有:酵母、真菌、藻类及非病原性细菌4大类。

(3)非蛋白氮饲料　凡含氮的非蛋白可饲物质均可称为非蛋白氮饲料(NPN)。NPN包括饲料用的尿素、双缩脲、氨、铵盐及其他合成的简单含氮化合物。作为简单的纯化合物质,NPN不能为肉羊提供能量,其作用只是供给瘤胃微生物合成蛋白质所需的氮源,以节省饲料蛋白质。

128 肉羊常用的蛋白质饲料有什么特点?

植物性蛋白质饲料是肉羊生产中使用量最多、最常用的蛋白质饲料,具有以下共同特点:

①蛋白质含量高,且质量较好。一般植物性蛋白质饲料粗蛋白质含量在20%~50%,因种类不同差异较大。植物性蛋白质饲料的蛋白质品质高于谷物类,蛋白质利用率是谷类的1~3倍。

②粗脂肪含量变化大。油料籽实含量在15%~30%以上,非油料籽实只有1%左右。饼粕类脂肪含量因加工工艺不同差异较大,为1%~10%。因此,该类饲料的能量价值各不相同。

③粗纤维含量一般不高,基本上与谷类籽实近似,饼粕类稍高些。

④矿物质中钙少磷多,且主要是植酸磷。

⑤维生素含量与谷实相似,B族维生素较丰富,而维生素A、维生素D较缺乏。

⑥大多数含有一些抗营养因子,影响其饲喂价值。

129 肉羊常用的矿物质饲料及特点有哪些?

(1)钠、氯补充料

①食盐　肉羊饲粮多以植物性饲料为主,而植物性饲料中含钠和氯较少,含钾丰富。为满足肉羊对钠、氯的需要,应补充食盐。另外,食盐可提高饲料的适口性,增强肉羊的食欲。

②碳酸氢钠　碳酸氢钠俗称小苏打,除提供钠离子外,还是一种缓冲剂,可缓解热应激,保证瘤胃正常pH。

(2)钙、磷补充料　含钙的矿物质饲料主要有:石粉、贝壳粉、蛋壳粉、碳酸钙和硫酸钙。

①含钙的矿物质饲料　石粉(石灰石粉)、硫酸钙(石膏)。

②含磷的矿物质饲料　常见补磷的矿物质饲料有磷酸氢钠(NaH_2PO_4)和磷酸氢二钠(Na_2HPO_4)。

③磷酸钙盐　磷酸氢钙的钙磷比例约为3∶2,接近于肉羊需要的平衡比例。

(3)其他矿物质饲料　自然界一些其他天然矿物质饲料,如麦饭石、沸石和膨润土等。

130 肉羊饲料中添加食盐的作用是什么?

①食盐对调解肉羊体内酸碱平衡,保持体细胞与血液间的渗透压平衡起着极为重要的作用。

②食盐在肉羊配合饲料中用量一般为0.25%～0.5%。

③食盐不足可引起食欲下降,采食量降低,生产成绩差,并导致异食癖。

④食盐过量时,只要有充足饮水,一般对肉羊健康无不良影响,但若饮水不足,可能出现食盐中毒。使用含盐量高的鱼粉、酱油渣等饲料时应特别注意。

⑤除加入配合饲料中应用外,还可直接将食盐加入饮水中饮用,但要注意浓度和饮用量。将食盐制成盐砖更适合放牧肉羊舔食。

131 肉羊饲喂矿物质饲料应注意哪些问题?

(1)合理配比　考虑肉羊各阶段矿物元素的需要量。

(2)混合均匀　先将矿物质添加剂混合在少量的饲料中,然后再与大堆饲料搅拌均匀。

(3)原料质量　各种矿物元素的质量,特别是重金属含量是否符合国家卫生标准。

132 什么是全混合日粮(TMR)?

TMR是英文Total Mixed Rations(全混合日粮)的缩写,是根据肉羊不同生长发育生长和泌乳阶段的营养需要,按饲料配方,将各原料成分均匀混合而成的营养浓度均衡的日粮。即利用TMR搅拌机(车)将各种饲草料进行计量、充分切碎、混合、搅拌、揉搓混合和饲喂的一种先进的饲养工艺。通过改变饲草的长度、硬度，提高适口性，增加采食量，减少饲草料的浪费，以提高牲畜生长速度和畜产品产量。

TMR 技术在国外已经推广应用多年，我国推广使用 TMR 技术较晚，近些年在大型羊场使用才开始起步。

133 肉羊颗粒化全混合日粮(TMR)的优点是什么?

(1)满足肉羊不同生长发育阶段的营养需要　便于根据肉羊生产性能的变化调节日粮，控制生产；同时，在不降低其生产力的前提下，可以有效地开发利用当地尚未充分利用的农副产品和工业副产品等饲料资源。

(2)有利于大规模工业化生产　减少饲喂过程中的饲草浪费，使规模化饲养管理省时省力，有利于提高规模效益和劳动生产率。

(3)显著改善日粮适口性　有效防止肉羊挑食，提高干物质采食量和日增重。

(4)有效防止肉羊消化系统机能的紊乱　颗粒化 TMR 营养均衡，肉羊采食颗粒化 TMR 后，瘤胃内可利用碳水化合物与蛋白质分解利用更趋于同步。有利于维持瘤胃内环境的相对稳定，使瘤胃内发酵、消化、吸收及代谢正常进行，有利于饲料利用率的提高，减少真胃移位、酮血症、乳热病、酸中毒、食欲不良及营养应激等疾病的发生。

134 肉羊的精料补充料有什么特点？如何利用?

肉羊精料补充料主要由能量饲料、蛋白质饲料和添加剂预混料组成，是一种混合均匀的饲料，可直接饲喂。但精料补充料是一种半日粮型配合饲料，肉羊不能只吃精料补充料来满足正常的生长与生产需要，还必须与一定的青饲料、粗饲料等混合饲喂，才能构成全日粮型配合饲料。

在制作肉羊精料补充料时，还要考虑不同生理阶段、不同日增重等营养需要，同时需了解不同季节和不同饲养条件下所使用的青饲料、粗饲料的营养价值和营养素含量的平均值，在配制全价日粮的基础上，配好精料补充料。

135 肉羊饲喂添加剂预混料应注意哪些问题?

添加剂预混料是一种和多种营养与非营养性添加剂原料、载体及稀释剂一起搅拌均匀的混合物。主要含有矿物质、维生素、氨基酸、促生长剂、抗氧化剂、防霉剂等，可供生产肉羊精料补充料及浓缩饲料使用，也可单独出售。使用注意事项：

①不宜直接饲喂动物。

②更换预混料要循序渐进。突然更换，会影响采食和生长。

③按推荐配方配合肉羊精料补充料。

④按肉羊不同生长阶段选用预混料。

⑤储存时间不宜太久。

136 青干草的加工调制技术要点有哪些？

(1)适时刈割　牧草和青刈作物的产量和品质随生长发育的进行而变化。幼嫩时期，叶量丰富，粗蛋白质、胡萝卜素等含量多，营养价值高，但产草量低；随着生长和产量的增加，茎秆部分的比例增大，粗纤维含量逐渐增加，木质化程度提高，可消化营养物质的含量明显减少，饲草品质下降。一般禾本科牧草以抽穗—初花期、豆科牧草以现蕾—初花期刈割为宜。

(2)快速干燥　刈割后的新鲜牧草或饲料作物在细胞死亡以前仍不断地进行呼吸作用，消耗体内的养分。因此，缩短干草的调制时间，可以减少植物呼吸作用的消耗。天然晒制干草应选择少雨干燥的季节进行。于晴天将收割的青草摊晒在高燥的地方干燥，也可采用草架干燥和常温鼓风干燥。

(3)防雨防露　干草晒制过程中雨露淋溶是干草养分损失的重要原因之一。晒制开始前应注意天气的变化动态，积极做好防雨准备。晒制过程中，傍晚要将摊晒的饲草搂成小垄，减少露水引起的反潮。

(4)减少叶片脱落　叶片的可消化养分含量比茎秆高，干草调制过程中叶片又非常容易脱落，所以防止叶片脱落是减少养分损失的一个重要环节。晒制过程中，叶片失水较快而茎秆失水相对缓慢。牧草或饲料作物刈割后将茎秆压扁，有利于茎叶同步干燥，减少叶片脱落。翻草避开烈日的中午也可减少叶片脱落。当干草的水分降到15%～18%时即可抓紧进行堆藏，水分过低容易造成叶片脱落。

137 肉羊场应该怎样贮藏青干草？

(1)防止垛顶塌陷漏雨　干草堆垛后2～3周后，多易发生塌顶现象。因此，应经常检查，及时修整。

(2)防止垛基受潮　草垛应选择地势高燥的场所，垛底应尽量避免与泥土接触，要用木头、树枝、石砾等垫起铺平，高出地面40～50厘米，垛底四周挖一排水沟，深 20～30 厘米，底宽 20 厘米，沟口宽 40 厘米。

(3)防止干草过度发酵与自燃　干草堆垛后，养分继续发生变化，影响养分变化的主要因素是含水量。凡含水量在 17%～18%以上的干草，由于植物体内酶及外部微生物活动而引起发酵，使温度上升到 40～50℃。

含水量较高的青干草堆垛后，前期发酵过热，到 60℃以上时微生物停止活动，但氧化作用继续进行；当温度上升到 150℃左右时，接触新鲜空气即可引起自燃(在贮藏后 30～40 天)。因此，如果堆贮的青干草含水量超过 25%时，则有自燃的危险。当发现垛温上升到 65℃以上时，应立即穿垛降温或倒垛。

(4)减少胡萝卜素的损失　草堆外层的干草因阳光漂白作用，胡萝卜素含量最低，草垛中间及底层的干草，因挤压紧实，氧化作用较弱，因而胡萝卜素的损失较少。因此，贮藏青干草时，应注意尽量压实，集中堆大垛，并加强垛顶的覆盖等。

138 如何鉴定青干草的品质？

(1)收割时期　牧草收割是否适时，可由青干草的颜色、气味、叶片、花蕾、幼穗的多少，及所含杂草的种类来验证。收割适时的青干草颜色较青绿，气味芳香，叶量丰富，茎秆质地较柔软，消化率较高；若在开花结实以后刈割或刈割后在烈日下久晒，都会导致牧草茎秆粗硬，叶量减少而枯黄，品质下降。

(2)颜色　优质青干草颜色较绿，一般绿色越深，其营养物质损失就越少，所含的可溶性营养物质、胡萝卜素及其维生素也越多。

(3)植物学组成　对天然草地干草的营养价值来说，植物学组成具有决定性意义。鉴定干草的植物学组成时，先在干草中选 20 处取草样，每处取草样 200～300 克，将其充分混合后从中取出 1/4，然后分成 5 类：禾本科、豆科、可食性杂草、饲用价值低的杂草、有毒有害植物。并分别计算各类草所占比例。

(4)含水量　青干草的含水量一般为 15%～18%。如果含水量在 20%以上，贮藏时应注意通风。

(5)叶量的多少　青干草中叶量的多少，是确定干草品质的重要指标，叶量越多，营养价值越高。鉴定时取干草一束，首先观察叶量的多少。一般禾本科干草叶片不易脱落，而优良豆科于草的叶重量应占干草总重量的 30%～40%。

(6)气味　优良青干草一般都具有较浓郁的芳香味。这种香味能刺激肉羊的食欲，增强适口性。如果有霉烂及焦的气味，则品质低劣。但再生草调制的青干草可能香味较少。

(7)病虫害的感染情况　凡是经病虫感染过的牧草调制成的干草，不仅营养价值低，而且有损于肉羊的健康。鉴定时抓一把干草，检查其穗上是否有黄色或黑色的斑纹及小穗上有烟状的黑色粉末，有时有腥味。如果干草有上述特征，一般不宜饲喂肉羊。

139 肉羊饲喂青干草应注意什么？

干草是肉羊舍饲期的主要饲料，制备大量品质优良的干草，以保证全年饲料均衡供应。肉羊饲喂青干草的注意事项：

①注意青干草的品质。霉烂低劣的干草不能使用。

②注意添加量。

③搭配精料补充料使用。

140 青贮饲料是怎样加工形成的？

青贮是在密封缺氧环境中，附着在青贮原料上的厌氧乳酸菌大量繁殖，从而将饲料中的可溶性糖和淀粉变成乳酸，当乳酸积累到一定程度后，便抑制腐败菌的生长，使青贮饲料不会发霉变质，可以把青贮料的养分长时间保存下来。

青贮是保存牧草营养价值的好方法，这是在密封厌氧的条件下通过乳酸菌发酵使青贮料变酸，抑制引起腐败的微生物的活动，使青贮料得以长期保存的方法。禾本科牧草含碳水化合物较多，容易青贮。豆科牧草含蛋白质较多，单贮不易成功，宜与禾本科牧草混合青贮。青贮料的含水量应为65%～75%，豆科牧草可进行低水分青贮或半干青贮，即在豆科牧草刈割后晾晒一天，使含水量达45%～50%时，切短和压紧及密封。这种青贮，由于含水量较低，干物质含量比一般青贮料高1倍，所以营养物质也较多，损失较少，适口性好，兼有干草和青贮料两者的特点，是解决豆科牧草青贮的一个好办法。

青贮饲料基本上保持了青绿饲料的原有特点，可有效地保持青绿植物的新鲜状态，而且可以长期保存，使羊在缺乏青绿饲料的漫长枯草期也能吃到青绿饲料。青贮饲料还具有营养价值高、多汁适口、消化率高、原料来源广、经济适用等特点。

141 加工青贮饲料的基本条件有哪些？

(1)充足的含糖量　青贮过程是一个由乳酸菌发酵，把青贮原料中的糖分转化成乳酸的过程，通过乳酸的产生和积累，使青贮窖内的 pH 下降到 4.2 以下，从而抑制各种有害微生物的生长和繁殖，达到保存青绿饲料的目的。因此，为产生足够的乳酸，使 pH 下降到 4.2 以下，就需要青贮原料中含有足够的糖分。

(2)适宜的水分含量　水分是保证乳酸菌正常活动与繁殖的重要条件，过高或过低的含水量，都会影响正常的发酵过程与青贮的品质。水分含量过少的原料，在青贮时不容易踏实压紧，青贮窖内会残存大量的空气，从而造成好气性细菌大量繁殖，使青贮料发霉变质。水分含量过高的原料，在青贮时会压得过于紧实，一方面会使大量的细胞汁液渗出细胞造成养分的损失，另一方面过高的水分会引起酪酸发酵，使青贮料的品质下降。

(3)切短、压实、密封　经过切碎、压实、密封之后，装填原料变得容易，增加密度，排除青贮窖内的空气，造成厌气环境，减少养分损失，以利于乳酸菌的生长和繁殖，提高青贮饲料品质。

142 加工青贮饲料的技术要求有哪些？

(1)适时刈割　青贮饲料的营养价值，除了与原料的种类和品种有关外，还与收割时期有关。综合青贮品质、营养价值、采食量和产量等因素，禾本科牧草的最适宜刈割期为抽穗期(出苗或返青后 50～60 天)，而豆科牧草为初花期最好。

(2)铡短　切碎的程度取决于原料的粗细、软硬程度、含水量、饲喂肉羊的种类和铡切的工具等情况。对羊来说，一般把禾本科牧草和豆科牧草及叶菜类等原料，切成 2～3 厘米，玉米和向日葵等粗茎植物，切成 0.5～2 厘米为宜。柔软幼嫩的原料可切的长一些。

(3)装填　选晴好天气，尽量一个窖要当天装完，防止变质与雨淋。装填时可先在窖底铺一层 10 厘米厚的干草，四壁衬上塑料薄膜(永久性窖不用铺衬)，然后把铡短的原料逐层装入，铺平、压实，特别是容器的四壁与四角要压紧。由于封窖数天后，青贮料会下沉，因此最后一层应高出窖口 0.5～0.7 米。

143 怎样选择建设青贮设备？

调制青贮饲料需有一定的设备，如青贮窖、青贮壕、青贮塔、塑料袋等。这些设备，都应有它的基本要求，才能保证良好的青贮效果。

①应选择好青贮的场址。地址宜选择土质坚硬，地势高燥，地下水位低，靠近畜舍，远离水源和粪坑的地方。

②青贮设备要坚固牢实，不透气，不漏水。

③青贮建筑物内部要光滑平坦，如为方形或长方形，四角要挖成半圆形，使青贮料能均匀下沉，不留空隙。窖壁应有一定倾斜度，上大下小，防止倒塌，便于压紧，底部必须高出地下水位0.5米以上。以防地下水渗入青贮料，长形青贮窖窖底应有一定的坡度。

根据各地条件建设青贮设备，可因地制宜，就地取材，选用各种器具和场地。如利用砖石或水泥砌制的坑池，或原有沟渠等进行青贮。

144 如何判断青贮饲料品质？

青贮饲料的品质优劣从色、香、味、质地等检查。

①品质良好的青贮饲料呈青绿色或黄绿色，或接近青贮前原料的颜色；中等品质的青贮饲料呈黄褐色或墨绿色；品质低劣的青贮饲料多为暗褐色或黑色。

②品质良好的青贮饲料有酸味和水果香味；中等品质的青贮料有刺鼻的醋酸味；低劣的青贮饲料已经腐烂，有臭味。

③品质良好的青贮饲料压得非常紧密，但拿在手中又很松散，质地柔软而湿润，茎叶和花等都保持原来的状态，能够清楚地看到茎叶上的叶脉和绒毛；而品质不良的青贮饲料黏成一团，像一块烂泥，或者质地松散，而且干燥、粗硬、发黏；品质低劣的青贮饲料已经变质，不宜饲用。

145 青贮饲料营养特点是什么？

青贮饲料是指青绿多汁饲料在收获后，直接切碎，贮存于密封的青贮容器（窖、池）内，在厌氧环境中，通过乳酸菌的发酵作用而调制成能长期贮存的饲料，其特点主要有：

①营养物质损失少，营养性增加。由于青贮不受日晒、雨淋的影响，养分损失一般为10%～15%，而干草的晒制过程中，营养物质损失达30%～50%。同时，青贮饲料中存在大量的乳酸菌，菌体蛋白含量比青贮前提高20%～30%，每千克青贮饲料大约含可消化蛋白质90克。

②省时、省力，一次青贮全年饲喂；制作方便、成本低廉。

③适口性好，易消化。青贮饲料质地柔软、香酸适口、含水量大，羊爱吃、易消化。同样的饲料，青贮饲料的营养物质消化利用率较高，平均70%左右，而干草不足64%。

④既能满足肉羊对粗纤维的需要，又能满足能量的需要。

⑤使用添加剂制作青贮，明显提高饲料价值。玉米青贮粗蛋白质不足2%，不能满足瘤胃微生物合成菌体蛋白所需要的氮量，通过青贮，按5‰（每吨青贮原料加尿素5千克）添加尿素，就可获得生长肉羊对蛋白质的需要。

⑥青贮可扩大饲料来源。如甘薯蔓、马铃薯叶茎等。

⑦青贮能杀虫卵、病菌，减少病害，经青贮的饲料在无空气、酸度大的环境中其茎叶中的虫卵、病菌无法存活。

146 哪些饲料原料适合制作青贮饲料？

适合制作青贮的饲料原料范围十分广泛。玉米、高粱、黑麦、燕麦等禾谷类饲料作物、野生及栽培牧草，甘薯、甜菜、芜菁等的茎叶及甘蓝、肉羊皮菜、苦荬菜、猪苋菜、聚合草等叶菜类饲料作物，树叶和小灌木的嫩枝等均可用于调制青贮饲料。青贮原料因植物种类不同，含糖量的差异很大。根据含糖量的多少，青贮原料可分为以下三类。

（1）易青贮的原料　玉米、高粱、禾本科牧草、芜菁、甘蓝等，这些饲料中含有适量或较多的可溶性碳水化合物，青贮比较容易成功。

（2）不易青贮的原料　三叶草、草木樨、大豆、紫云英等豆科牧草和饲料作物含可溶性碳水化合物较少，需与第一类原料混贮才能成功。

（3）不能单独青贮的原料　南瓜蔓、甘薯藤等含糖量极低，单独青贮不易成功，只有和其他易于青贮的原料混贮或者添加富含碳水化合物或者加酸青贮才能成功。

147 青贮饲料饲喂肉羊应注意哪些问题？

肉羊饲喂青贮饲料时，喂量要由少到多，先与其他饲料混喂，使其逐渐适应。肉羊每只每天可喂1.5～2.5千克。用青贮饲料特别是优质的青贮饲料饲喂妊娠母羊，同时补饲精料，可以改善母羊繁殖性能。

妊娠母羊饲喂青贮饲料最好加温，切忌饲喂带冰碴的青贮饲料和霉烂变质的青贮饲料。若青贮饲料酸味太大，可在日粮中添加碱性物质进行中和来改善适口性。

148 半干青贮饲料有何特点？

干青贮又叫低水分青贮，方法是在青饲料刈割后进行预干，使原料水分含量降到40%～60%,植物细胞液变浓,渗透压增高;在密闭的青贮窖中可造成对微生物的生理干燥和厌氧环境。由于预干,发酵作用受到抑制,尤其是丁酸菌、腐生菌等有害微生物区系的繁殖受到阻碍,从而使青贮料中的丁酸显著减少;同时也能克服高水分青贮由于渗液而造成的养分损失。因此,在青贮过程中,微生物发酵较弱,蛋白质分解少,有机酸产生量较少。

半干青贮时,原料中的含糖量以及青贮过程中产生的乳酸量或酸碱度的变化显得不很重要,从而较一般青贮法扩大了原料的范围,在一般青贮法中被认为不易青贮的原料也都可以通过半干青贮法获得较好的贮存。

149 肉羊饲喂半干青贮饲料有什么优势?

(1)适用范围广　半干青贮料的调制,为难以用一般青贮方法调制的含蛋白质高的饲料作物,提供了新的青贮方法。特别是可解决大面积生产苜蓿、又难以调制干草的难题,因此,采用半干青贮法是获得优质青贮饲料的有效措施。

(2)保存养分多　与干草调制和制作一般青贮饲料相比,半干青贮能保存更多的养分。将青绿饲料调制成干草,常因落叶、氧化、日晒、光照等作用,很难保留饲料中的叶片和花序,养分损失可高达35%～40%,胡萝卜素损失更达90%;而半干青贮饲料几乎完全保存了青饲料的叶片和花序。与一般青贮饲料相比,由于半干青贮发酵过程慢,同时有高渗压,抑制了蛋白质水解和丁酸的形成,因而养分损失较少;并且干物质含量高,采食量高。

(3)饲喂效果好　用同样原料调制成半干青贮饲料,较干草和一般青贮饲料质量高,饲喂效果好。半干贮饲料可肉羊日粮中的干草、青贮料和块茎饲料,简化了饲喂手续,降低了管理费用。

150 秸秆饲料营养特点是什么?

秸秆类饲料主要是农作物收获籽实后的副产品,种类繁多,资源极为丰富,但是适口性很差,粗纤维含量很高,可达30%～45%,有效能值较低。主要包括玉米秸、麦秸、高粱秸、豆秸、谷草、稻草等。

①玉米秸的粗蛋白为6%～8%,粗纤维为25%～30%,粗脂肪为1.2%～2.0%,钙为0.39%,磷为0.23%。玉米秸的营养价值低,但由于其成本低,因此常作为羊的主要饲料,而且其外皮光滑,茎的上部和叶片营养价值较高,羊喜爱采食。

②麦秸难消化，是质量较差的粗饲料。小麦秸的粗纤维含量可达40%，而粗蛋白仅为2.8%，并且含有硅盐和蜡质，适口性差，营养价值低。大麦秸适口性较好，粗蛋白为4.9%，粗纤维为33.8%。

③稻草的营养价值低于麦秸、谷草，粗纤维含量为34%左右，粗蛋白含量为3%～5%。稻草含硅较高，为12%～16%，因而消化率低，钙缺乏，需要进行加工处理来改善饲喂效果。

④豆秸含有木质素，质地坚硬，作为羊的饲料时将其粉碎与精料混匀效果较好。

151 肉羊饲喂秸秆饲料应注意哪些问题？

(1)植物利用部位　各种干草和秸秆，其叶片部分养分含量都较茎部多。如苜蓿干草的叶片可消化蛋白质含量较茎部高3倍以上，粗脂肪和钙含量高2.5倍以上，磷含量高0.5倍。胡萝卜素也主要存在于叶片部分，而叶片的粗纤维含量却只有茎部的1/3。因此，在加工调制时要注意，勿让叶片损失或丢弃。

(2)适量搭配精料　粗饲料特别是秸秆和秕壳，净能含量低，体积大，作为肉羊的基本饲料，应搭配体积小，净能含量高的精料。但粗饲料作为冬季肉羊维持饲料还是不可缺少的。秸秆饲料单独饲喂时，难以充分满足动物对营养成分的需求，生产实践中需要补充精料。

(3)禾本科秸秆与豆科秸秆搭配　单一的禾本科秸秆，如稻草、麦秸等所含的粗蛋白质、钙、磷等，都不能满足维持肉羊的营养需要，应与蛋白质和钙含量较多的豆科秸秆搭配饲喂，以提高饲料的利用率。

(4)加工处理后饲喂　为了提高秸秆类饲料的消化率和适口性，可以采取喷洒盐水、发酵、碱化等理化、生物学方法处理。

(5)适当补充维生素和矿物质　利用秸秆日粮时要注意补充维生素和矿物质。

152 秸秆饲料的切断和粉碎有何作用？

(1)便于肉羊咀嚼，减少能量消耗。

(2)提高采食量，并减少饲喂过程中的饲料浪费。

(3)利于和其他饲料进行配合。

粉碎虽然可以增加粗饲料的采食量，但也容易导致纤维物质消化率下降和瘤胃内挥发性脂肪酸生成比率的变化。据报道,秸秆粉碎后,瘤胃内脂肪酸的生成速度和丙酸比率将有所增加,同时由于随之而引起的反刍减少,瘤胃 pH 下降。从饲料有效利用的角度考虑,一般考虑将秸秆切短饲喂,不提倡秸秆粉碎后直接饲喂肉羊。

153 秸秆饲料的压粒有何作用?

(1)使饲料密度显著增加,因而便于储存、运输和饲喂。

(2)改善了粗饲料的消化率和适口性。

(3)有利于增加采食量和预防代谢疾病。

154 秸秆饲料氨化加工调制技术的意义和方法是什么?

氨化秸秆是目前提高秸秆营养价值和利用率的有效方法。它具有节省能源、成本低、易推广等优点。操作方法:

(1)选择场地　可在地下挖一个坑,铺一层塑料薄膜,也可将秸秆堆成垛后再盖一层塑料薄膜密封,如用量少,也可用大缸处理。

(2)切短秸秆　将秸秆切成 2~3 厘米。

(3)秸秆含水量　使用尿素溶液时,理想的含水量应为 15%~20%,如含水量超过 50%,可使用高浓度的氨注入。

(4)氨或尿素的用量　氨用量占秸秆干物质的 1%~3%,尿素的用量占秸秆干物质的 2.5%~3.5%。

(5)处理时间和温度　处理时间与气温有关,气温越低,氨化需要的时间越长。当气温在 20℃左右时,大概需要 15 天。当气温高于 30℃时,大概需要 1 周。

155 秸秆饲料微贮的意义和方法是什么?

(1)秸秆饲料微贮的意义　在农作物秸秆中加入高效活性菌(秸秆发酵活干菌)贮藏,经一定的发酵过程使农作物秸秆变成具有酸香味的饲料,增加了秸秆的柔软性和膨胀度,提高了粗纤维的消化率。同时抑制了丁酸菌、腐败菌等有害菌的繁殖,使秸秆能够长期保存不坏。一般将用微生物发酵处理后的秸秆称为微贮秸秆饲料。

(2)操作方法　将秸秆切短,在窖底铺放 20~30 厘米厚的秸秆,撒一层麸皮、米糠，均匀喷洒菌液水压实后，再铺放20～30厘米厚的秸秆，再均匀喷洒菌液水，重复直到高出窖口40厘米再封口。

秸秆微贮后，一般在窖内贮藏21～30天即可完成发酵过程。品质优良的微贮稻秸、麦秸秆呈黄褐色，具有醇香和果香气味，并有弱酸味，手感松散、柔软湿润。

156 尿素可以饲喂肉羊吗？

尿素中含有44%～46%的氮，1千克尿素中氮的含量相当于7千克大豆饼中蛋白质氮的含量。尿素中的氮虽不是蛋白质形态的，但和碳水化合物一起经瘤胃微生物作用，可以生成蛋白质形态氮。所以尿素可以作为肉羊消化道内合成菌体蛋白的氮源，补充饲料中蛋白质的不足。100克尿素相当于200克可消化蛋白质，在蛋白质饲料短缺的地方，尿素是很有潜力的补充饲料。

在肉羊的育肥过程中可以添加尿素以加快出栏，提高经济效益。肉羊尿素的补饲量以占饲草、饲料干物质的1%为宜。也可按体重的0.02%～0.05%喂给，即每10千克体重可喂2～5克。6月龄以前的羊不宜喂尿素。6月龄以上的羔羊喂8～12克。成年羊每只喂10～15克。饲喂尿素的最普遍的方法是将尿素添加在配合饲料或精料中饲喂。此外，尿素也可以与铡短的秸秆充分拌匀后饲喂。

157 肉羊养殖利用尿素应注意哪些问题？

(1)饲喂对象　尿素只适用于成年的肉羊。羔羊因瘤胃中微生物区系尚未发育正常，故不能使用。病羊和体质瘦弱的羊要少用或不用。

(2)饲喂量　掌握好尿素的用量，每天的饲喂量应占肉羊体重的0.02%，使用量一般不超过日粮中干物质的1%，饲喂过多，会使肉羊中毒。首次用量只能是规定量的1/10，以后逐渐增加，至10天以后增加到规定量。

(3)饲喂方法　由于尿素的吸湿性大，易吸水溶解产生氨气，所以不可单独喂尿素，也不可溶于水中喂饲。用尿素后也不能立即饮水，以免因尿素在瘤胃中停留时间短未被微生物利用就进入血液循环而引起中毒。如需饮水，也应在饲喂尿素30分钟以后进行。

158 肉羊养殖利用尿素的方法是什么？

(1)拌入精饲料　把尿素干粉均匀地混入精饲料中饲喂，添加量不超过日粮干物质的1%。

(2)拌入青贮饲料　尿素添加量为青贮饲料鲜重的0.5%。

(3)制成尿素舔砖　将尿素与矿物质、糖蜜等充分混合，制成砖块状的舔块。这可控制尿素的采食量，预防尿素中毒。

(4)拌入青干草　在舍饲条件下，将尿素与铡碎的青干草混合饲喂，或直接将尿素溶液喷洒在干草上供肉羊自由采食，但此法浪费较大。

159 肉羊养殖中如何控制好尿素的用量？

尿素只能喂给出生2个月以上的羊，根据个体情况添加且不宜添加过早，添加量不超过精料量的2%，否则会引起中毒。拌入精料中饲喂时，一定要充分混合均匀，同时保证尿素用量不超标。还要注意日粮中能量、矿物质、氮硫比的供给平衡。一般氮硫比需要保持在(10～15)∶1。

尿素使用量过高会出现典型的氨中毒症状：呼吸急促，肌肉震颤，出汗不止，动作失调，严重时口吐白沫。一旦不小心而引起尿素中毒，应立即用20%～30%的糖浆或糖水灌服，也可灌服0.5%的食醋0.2～0.5升或酸奶1～3升。

160 肉羊饲料中常用的饲料添加剂有哪些？

饲料添加剂用量小，作用大。科学使用饲料添加剂，能有效地增加肉羊产品产量，提高饲料利用率，节省饲料，降低成本，达到增产增收的目的。肉羊用添加剂分为两类：

(1)营养性添加剂　肉羊生产中常用的营养性添加剂主要有非蛋白氮饲料添加剂、矿物质饲料添加剂、维生素添加剂，这些营养性添加剂对于补充和平衡肉羊的饲料营养成分、提高饲料的利用率、促进肉羊生长发育、缩短育肥期和提高经济效益具有重要作用。

(2)非营养性添加剂　这类添加剂种类繁多，本身并不具有营养价值，但具有保健助长、生理调节、改善饲料及产品质量、提高产品产量等功能。肉羊生产中常用的非营养性添加剂主要有中草药添加剂和稀土饲料添加剂，这些非营养性添加剂对于肉羊生产具有预防疾病、促进生长、提高饲料转化效率和提高经济效益具有重要作用。

161 肉羊育肥中如何制作肉羊舔砖?

肉羊生产中,为提高添加剂饲料的养殖效率和预防添加剂饲料中毒,常将补饲的食盐、尿素等添加剂饲料采用舔砖的形式使用。

肉羊舔砖的制作方法如下:

(1)将尿素加适量的水溶解,加入糖和蜂蜜、食盐、矿物质添加剂、维生素等,搅拌均匀。

(2)把3份硅酸盐水泥与3份水混合,倒入上述搅拌均匀的混合液中,充分搅拌。

(3)在制备好的上述液体中加入糠麸或其他干粉原料搅拌均匀,并尽快将其倒入模内制砖。

在制作配料前要注意先做好模具。模具的规格要根据饲喂肉羊的数量和习惯的饲喂方法灵活确定。木模多制成长方形,重约5千克。舔砖一般经过30个小时能达到完全硬化,待其完全干燥后才可去除模具。

162 如何选择市售肉羊饲料?

市场上出售用于肉羊的全价配合饲料比较少,主要是精料补充料、浓缩饲料及添加剂预混合饲料。

自行配合的肉羊饲料要根据当地的饲料资源状况选择市售饲料来进行配合。如当地有丰富的谷物能量饲料,就可购买蛋白质浓缩料和添加剂预混料来配制全价料,一般蛋白质浓缩料的粗蛋白质含量要求达到40%以上,并注意选择营养调控型饲料产品,添加剂预混料一般根据当地肉羊的矿物质营养状况进行有针对性地选择,不要盲目地饲喂添加剂产品。

此外,选购饲料产品还需根据外观和营养成分严把质量关。切忌购入假冒伪劣产品。

五、肉羊的疾病防治

163 如何保定羊只？

羊只的保定根据诊疗目的不同，可分为站立保定和倒卧保定。

(1)站立保定　两手握住羊的两角，骑跨羊身，以大腿内侧夹持羊两侧胸壁即可保定，如图 5-1 所示。可用于临床检查或治疗。

(2)倒卧保定　保定者俯身从对侧一手抓住两前肢系部或抓一前肢臂部，另一手抓住腹肋部膝襞处扳倒羊体，然后改抓两后肢系部，前后一起按住即可，如图 5-2 所示。可用于治疗或简单手术。

图 5-1　站立保定

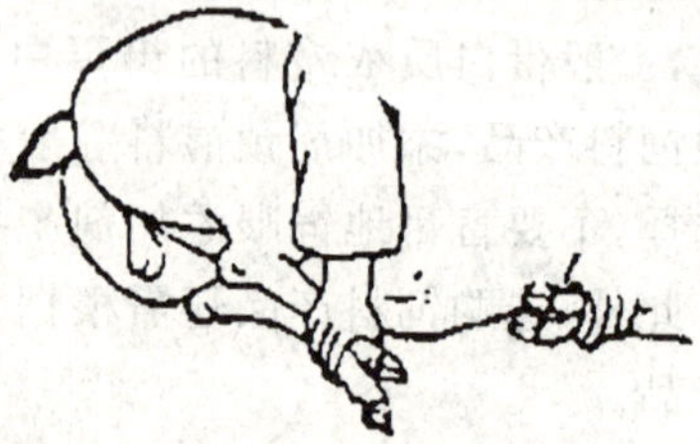

图 5-2　倒卧保定

164 如何识别病羊？

判断羊只是否患病，注意观察羊的肥瘦、步态、姿势，以及被毛、皮肤、黏膜、结膜、食欲、粪尿、呼吸、体温的变化等，以确定羊是否有病，并及时诊治。

(1)肥瘦　慢性消耗性疾病，由于病原的长期作用，病羊的身体瘦弱。

(2)姿势　观察羊只的举动是否与平时一样，如果不同，就可能是有病的表现。

(3)步态　健康羊步态活泼而稳定，病羊则行动不稳或不愿行走。

(4)被毛　健康羊的被毛平整且不易脱落，富有光泽；而在患病状态下，被毛粗乱蓬松，失去光泽，容易脱落。

(5)皮肤　健康羊的皮肤富有弹性。观察羊只皮肤的颜色及有无被毛脱落、皮肤变厚变硬、水肿、发炎、外伤等。

(6)黏膜　健康羊的黏膜呈光滑的粉红色。如果可视黏膜发红.则可能体温升高，体内有发炎的地方；如果黏膜发红并带有红点、血丝或呈紫色，可能是由中毒或传染病引起的。

(7)食欲　羊吃草或饮水量突然增多或减少，以及喜欢舔泥土、吃草根，也是有病的表现，可能是慢性营养不良，如维生素或微量元素缺乏等。如果反刍减少、无力或停止，则表示羊的前胃有病。有时羊不进食可能是由口腔疾病引起的，如喉炎、咽炎、口腔溃疡、舌有损伤等。

(8)粪便　如果羊粪有特殊臭味，则见于各种肠炎，若粪便内有大量黏液，则表示肠道有卡他性炎症；若粪内有完整的谷粒或纤维很粗，则表示消化不良；若混有寄生虫或寄生虫节片，则表示体内有寄生虫。

(9)呼吸　正常羊每分钟呼吸12～20次，呼吸次数增多见于热性病、呼吸系统疾病、心脏衰弱贫血、腹内压升高等，呼吸次数减少，主要见于某些中毒、代谢障碍、昏迷等疾病。

(10)体温　用手摸耳朵或把手伸进羊嘴握住舌头，可以知道羊是否发烧。最准确的方法是用体温表测量。羊的正常体温是38～40℃，如果体温高于40℃则表示有发热性疾病。

165 羊病分为哪几类？

羊在生长发育过程中，可以发生各种各样的疾病，根据发病原因不同，可以分为传染病、寄生虫病和普通病三大类。

(1)传染病　传染病是由于各种致病性病原微生物侵入羊体内生长、繁殖并产生毒素而导致的。

(2)寄生虫病　寄生虫病是各种体内外寄生虫侵害羊体，通过虫体对羊的器官、组织的机械性损害，夺取羊体营养并产生有害毒素而导致的。

(3)普通病　普通病包括内科疾病、外科疾病和产科疾病,多因饲养管理不当,营养代谢失调,误食毒物,机械性损伤,异物的刺激以及外界环境变化而引起。

166 怎样检查病羊?

经过观察,识别病羊后,应进一步对病羊进行细致的临床检查。

(1)外貌姿态检查　通过视诊和触诊对精神状态、营养状况和体位姿势进行检查。如精神沉郁,垂头耷耳,眼半开半闭,呆立不动,可能发生急性热性病;若很快的消瘦,可见于急性腹泻;逐渐瘦弱,常见于慢性疾病和寄生虫病;强迫转圈运动,见于脑炎或脑包虫病。

(2)皮肤、被毛检查　注意皮肤弹性、温度、感觉和皮疹等。如皮肤发疹,多见于羊痘。健康羊被毛柔滑均匀,富有光泽,不易脱落。若见有被毛粗糙无光泽,容易脱落,都是病态象征,如图5-3所示。常见于慢性疾病和疥癣病等引起。

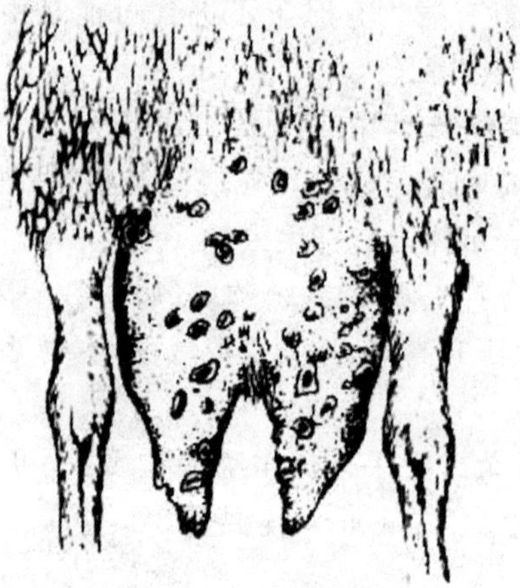

图5-3　羊乳房痘疹

(3)体温检查　测温是临床上重要的常规检查之一,体温变化常作为诊断疾病的一种主要依据。羊正常体温为38～40℃。健康羊正常体温在一昼夜内略有变动,一般上午低,下午高,相差1℃左右。但有些传染病往往出现颠倒热,即上午高而下午低。体温低于常温时常为有病的表现,见于大出血、贫血和某些中毒等。

(4)可视黏膜检查　黏膜检查主要检查眼结膜。根据结膜颜色的变化,可以判定病程及血液循环的变化,如果结膜呈白、黄、赤、蓝、紫等色,都是异常的象征。

(5)体表淋巴结检查　检查时应注意淋巴结的大小、硬度、痛觉及移动性，这对传染病诊断具有重要意义。临床上较常检查的淋巴结有颌下淋巴结、耳下淋巴结、肩前淋巴结、膝上淋巴结和腹股沟浅淋巴结等，如图 5-4 至图 5-6 所示。发现某一淋巴结肿大，可判断它的周围有炎症；如颌下淋巴结急性肿胀、发热、疼痛，见于多种急性传染病。

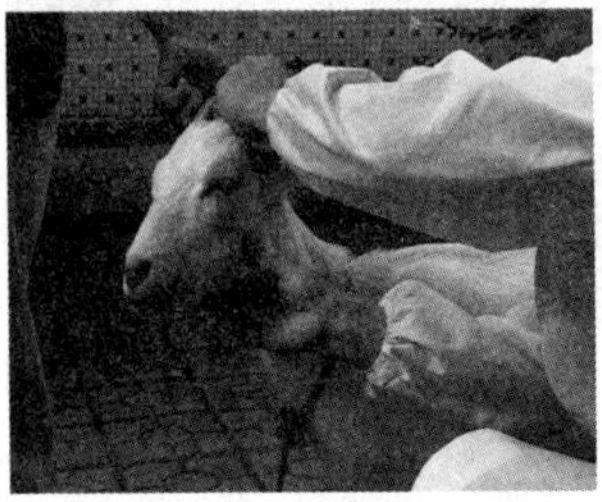

图 5-4　羊颌下淋巴结检查

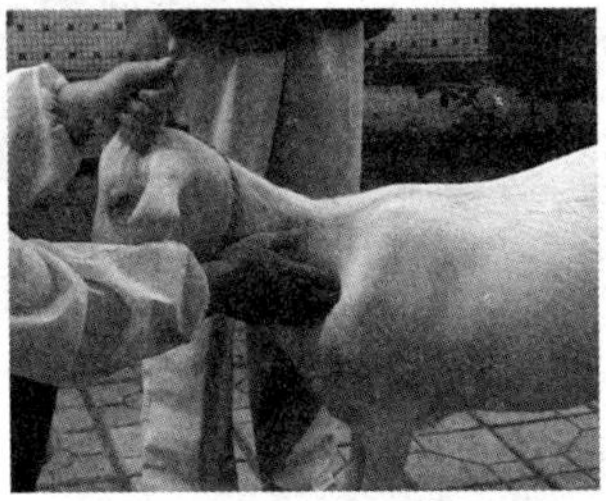

图 5-5　羊肩前淋巴结检查

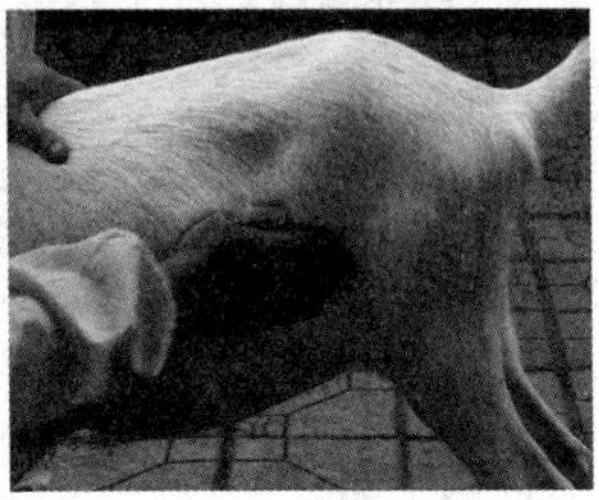

图 5-6　羊膝上淋巴结检查

167 肉羊疾病诊断的基本方法有哪些？

肉羊疾病诊断的基本方法主要包括问诊、视诊、嗅诊、触诊、叩诊和听诊。操作简便、易行，对任何病例、在任何场合均可实施，通常可直接地、较为准确地做出诊断，所以一直被广泛地应用。

(1)问诊　以询问的方式搜集病史的过程。

(2)视诊　用肉眼直接观察发病羊只或羊群的整体概况及某些部位的状态。

(3)嗅诊　用鼻子嗅出羊的各种分泌物(如鼻液)、排泄物(如粪便、尿液)或呼出气体的气味而为疾病诊断提供线索的方法。

(4)触诊　用手指、手掌或拳头触压被检部位，感知其硬度、温度、压痛、移动性和表现状态，以确定病变的位置、大小和性质的检查方法。见图 5-7 至图 5-24。

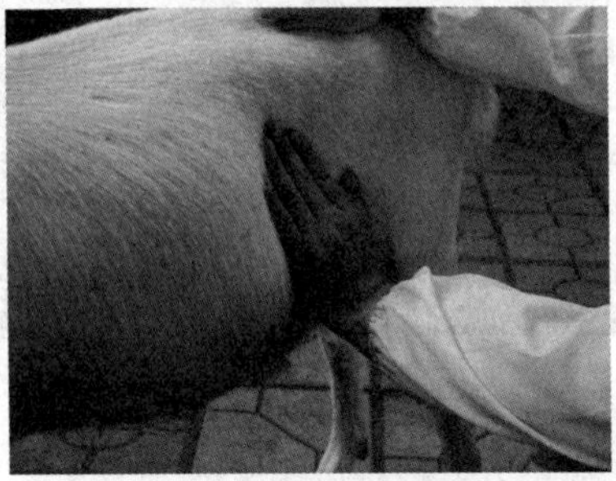

图 5-7　羊瘤胃按压触诊

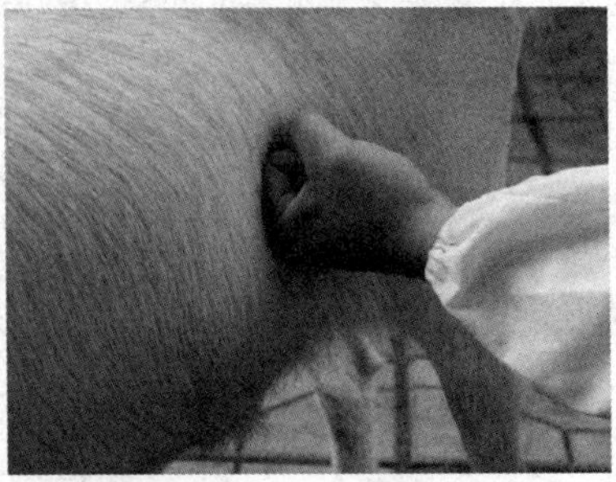

图 5-8　羊瘤胃冲击触诊

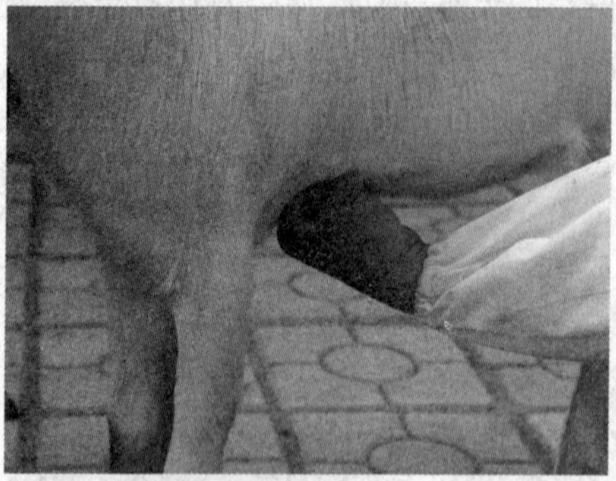

图 5-9　羊网胃拳压触诊

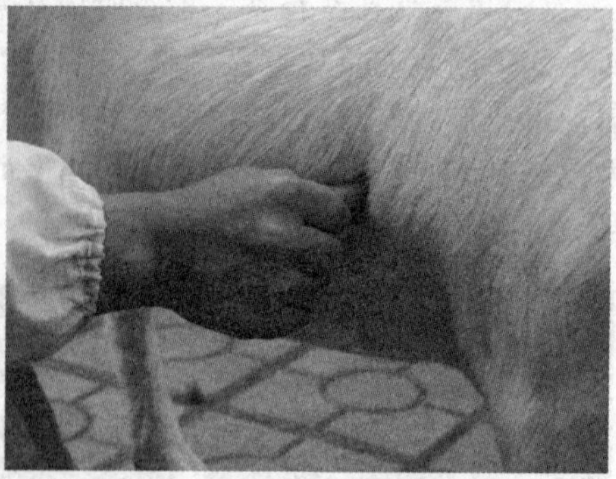

图 5-10　羊瓣胃拇指重压触诊

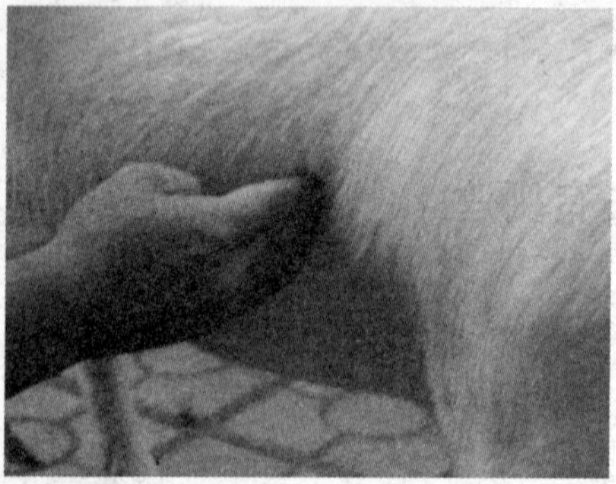

图 5-11　羊瓣胃切入触诊

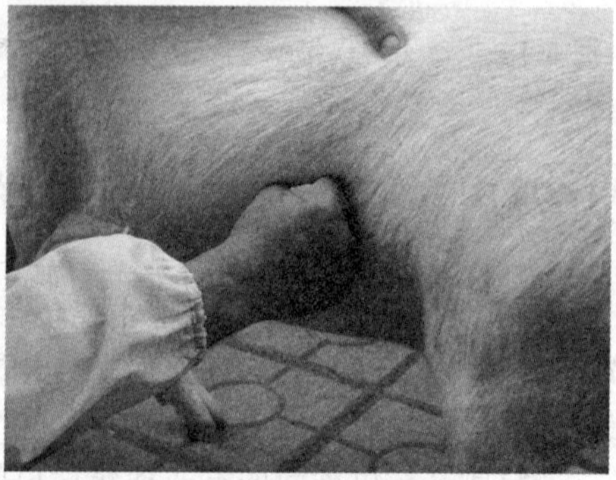

图 5-12　羊瓣胃重压触诊

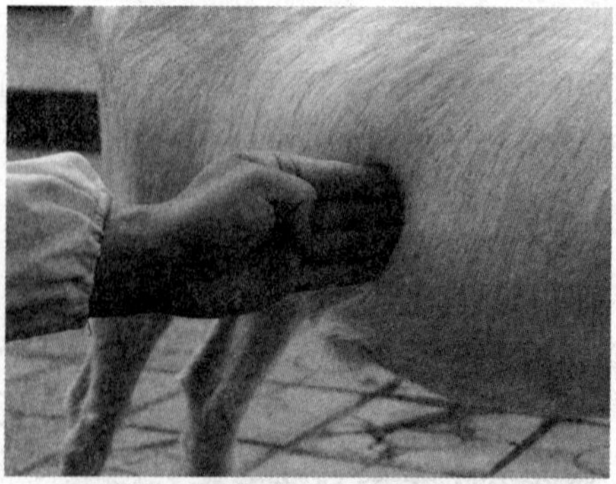

图 5-13　羊皱胃切入触诊

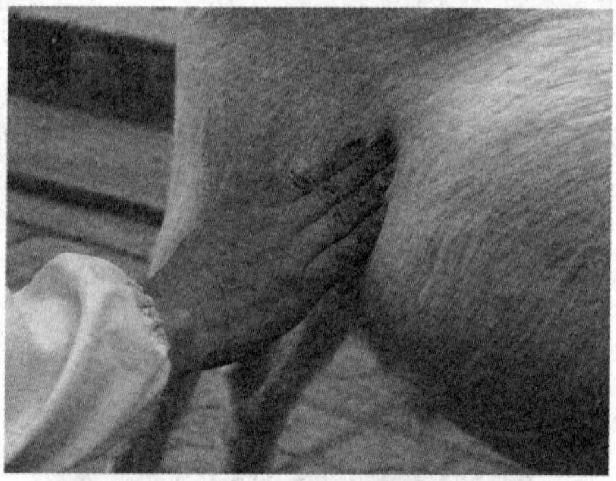

图 5-14　羊肠管按压触诊

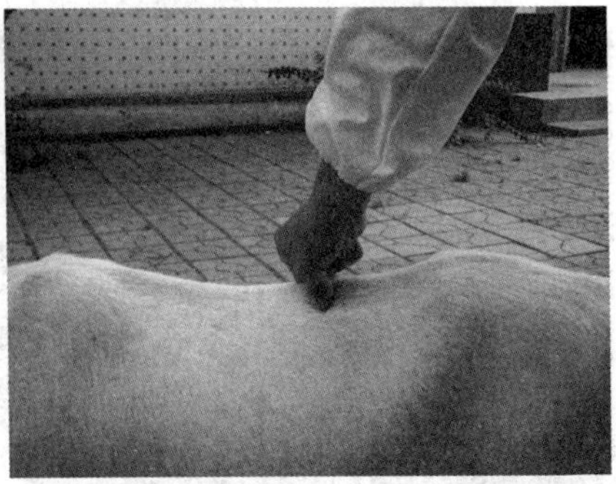

图 5-15　羊肾脏按压触诊

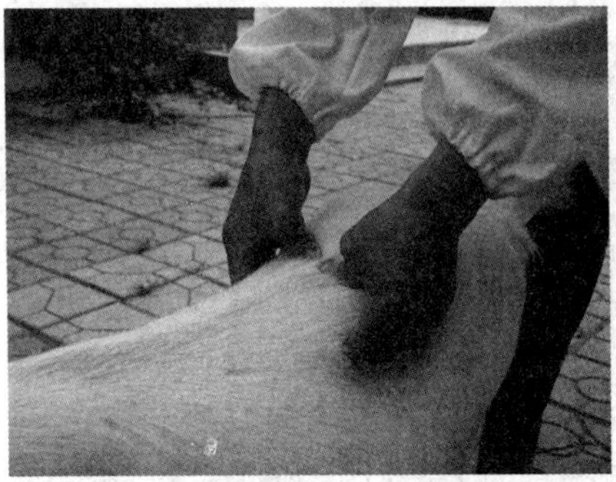

图 5-16　羊肾脏切入触诊

(5)叩诊　是通过用手指或叩诊器(叩诊锤或叩诊板)叩打羊体表的相应部位所发出的声音,来判定被叩击的组织、器官有无病理变化的一种诊断方法。

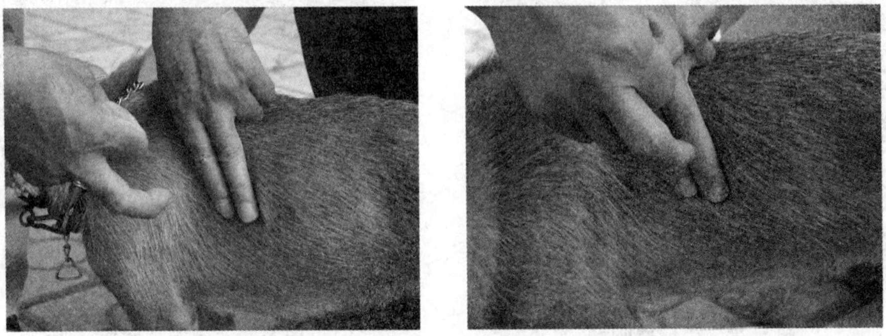

图 5-17　指指扣诊

(6)听诊　是指直接或间接听取体内各种脏器所发出声音的性质,进而判断其病理变化的方法。临床上常用于心脏、肺脏及胃肠道疾病的检查。

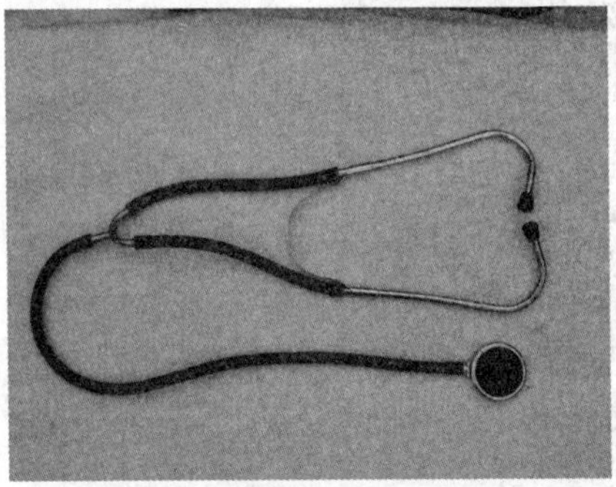

图 5-18　听诊器

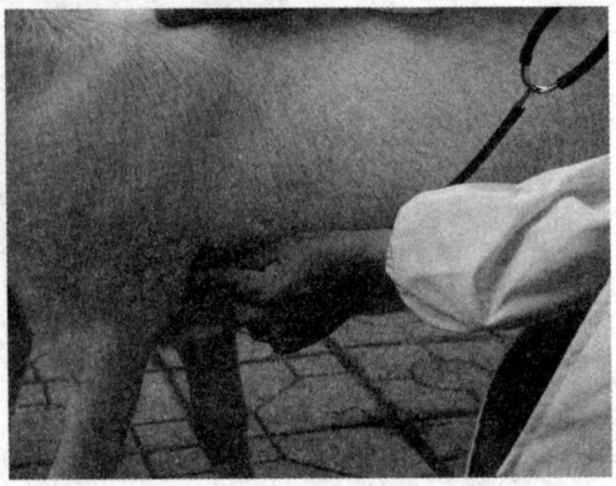

图 5-19　羊心脏听诊

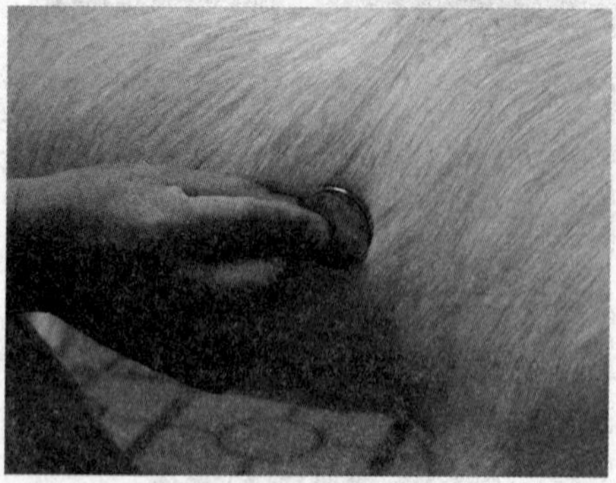

图 5-20　羊肺听诊

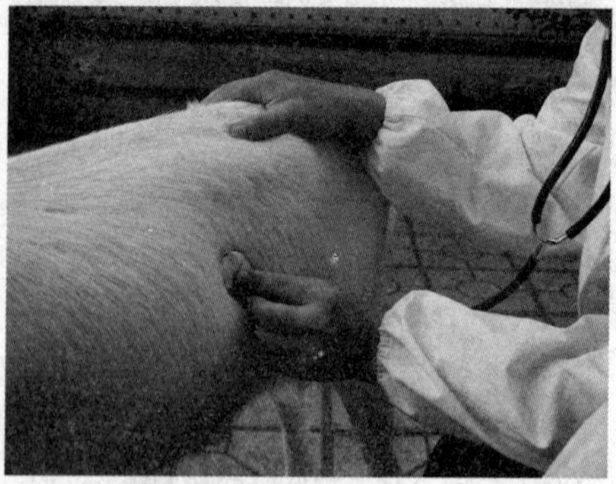

图 5-21　羊瘤胃听诊

图 5-22　羊瓣胃听诊

图 5-23　羊皱胃听诊

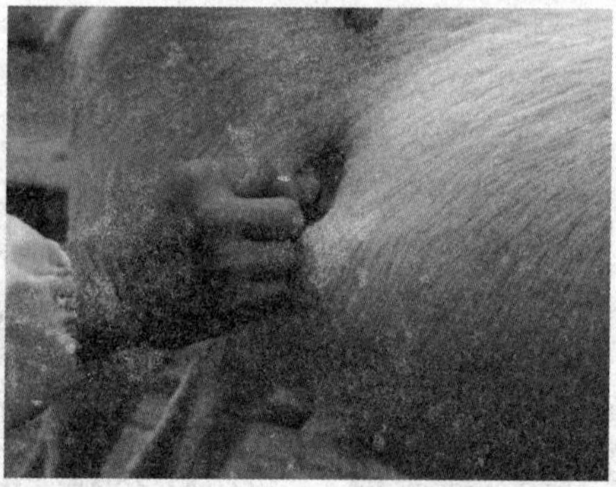

图 5-24　羊肠管听诊

168 肉羊场卫生防疫的综合措施有哪些？

(1)加强饲养管理，搞好清洁卫生　“羊以瘦为病”“病由膘瘦起，体弱百病兴”，这是人所共知的几句谚语。加强饲养管理，可以增强羊的体质，提高生产性能，也是防疫灭病的基础。搞好清洁卫生，可以增强机体的抵抗力，清除外界环境中各种病原微生物的传播作用，减少机体感染机会，这是防疫灭病的关键。还可以通过预防接种使机体获得免疫力，这是防疫灭病的重要手段。只有三者密切结合，互相促进、才能体现预防为主的方针。

要保持羊舍卫生，消灭鼠害、兽害，消除尸体、兽骨，铲除毒草，不到下湿地放牧；保持羊舍、运动场清洁干操，经常打扫，定期消毒，粪便、污物应经常清除并发酵处理；保证羊体卫生，每年定期给羊药浴，防止外寄生虫病的发生。

(2)严格执行检疫、消毒制度　检疫是贯彻“预防为主”方针中不可缺少的重要一环。通过检疫，可以及早发现疫病，及时采取防治措施，做到就地控制和扑灭，防止疫病蔓延。检疫是对羊群定期进行健康检查，抽检化验(传染病、寄生虫病)，及时发现病羊，进行隔离治疗或处理，清除传染源。新购入的羊只作检疫化验后，证实无病方可入群，防止疫病传入。

消毒是预防和消灭疫病的一项重要措施，可以通过各种方法消除病原微生物及寄生虫、虫卵对羊的危害。消毒时可根据不同的对象和要求而选用不同的消毒方法，如物理消毒灭菌方法、化学消毒法和生物热消毒法。消毒对象包括棚圈、粪便、土壤、尸体、衣物等。

(3)有计划地定期预防接种和驱虫药浴　预防接种和驱虫药浴，是每年羊群防疫工作最重要的两项工作。只有按着科学的免疫程序，定期适时地进行免疫接种；在驱虫药浴中严格遵守操作规程，准确的配制药液浓度，才能有效地控制羊群的疫病发生。防疫效果的好坏，取决于羊体的健康状况、药品质量、操作技术和防疫密度。

兽医防治的一条重要经验是“百治不如一防(预防)，百防不如一抓(抓膘)”，充分说明羊群营养与疾病防治的关系及羊病预防的重要性。

169 怎样对肉羊场舍进行消毒？

首先进行机械清扫，然后用消毒液进行消毒。常用的消毒药有 2%～4%火碱(氢氧化钠)、10%～20%石灰乳、10%漂白粉溶液、0.5%～1.0%菌毒敌、0.5%～

1.0%二氯异氰尿酸钠(优氯净)、0.5%过氧乙酸等。

消毒方法是将消毒液盛于喷雾器内,先喷洒地面,然后喷洒墙壁,再喷天花板,最后再打开门窗通风,用清水刷洗饲槽、用具,将消毒药的药味除去。如羊舍有密闭条件,可关闭门窗,用福尔马林熏蒸消毒 12～24 小时后,然后开窗通风 24 小时。

在一般情况下,羊舍消毒每年定期进行两次(春、秋各一次)。产房的消毒,在产羔前应进行一次,产羔高峰时进行一次,产羔结束后再进行一次。在病羊舍、隔离舍的入口处应放置浸有消毒液的麻袋片或草垫,消毒液可用 2%～4%氢氧化钠、1%菌毒敌(对病毒性疾病)或 10%克辽林溶液。

170 肉羊场常用的疾病诊断方法有哪些?

诊断是为了判定疾病的性质,掌握疾病发生和发展规律,为羊病的防治提供依据。羊病的诊断是防治工作的前提,只有及时准确地做出诊断,防治工作才能有的放矢,否则往往会盲目行事,贻误时机,给养羊业带来重大损失。羊病诊断常用的方法包括临床诊断、病理剖检和实验室诊断。由于每种羊病的特点各不相同,所以需要根据具体情况进行综合诊断,有时只需要采用其中的一两种方法便可以做出诊断。

(1)临床诊断　临床诊断主要通过问诊、视诊、触诊、叩诊、听诊和嗅诊等方法,根据研发现的症状表现及异常变化,综合起来加以分析,往往可以对疾病做出诊断,或为进一步检验提供依据。

(2)病理剖检　病理剖检是对羊病进行现场诊断的一种重要诊断方法。羊发生了传染病、寄生虫病或中毒性疾病时,器官和组织常呈现出特征性病理变化,通过剖检便可快速做出诊断,在实践中,有条件应尽可能剖检病羊尸体,必要时可剖杀典型病羊。除肉眼观察外,必要时可采取将病料送有关部门进行病理组织学检查。

(3)实验室诊断　羊的个体或群体发生疫病时,有时仅凭临床诊断和病理剖检仍不能作出确诊,常常需要采取病料进行微生物学、寄生虫学检验。实验室检验包括血液检验、尿液检验、粪便检验、脑脊髓液检验、渗出液与漏出液的检验、骨髓穿刺液的检验、血液生化检验、肝功能检验和肾功能检验等,针对某一次送检样品具体应作哪项或哪几项检验要随检测目的而变化,样品采集的方法和样品的保藏方法也不同。

171 怎样测量肉羊的体温?

给羊测体温时,先把体温表的水银柱甩至36℃以下,再涂上润滑油或水后,慢慢插入肛门里(体温表的1/3留在肛门外),待2～5分钟后取出体温表读数,如图5-25所示。羊的正常体温是38～40℃,如果体温高于40℃则表示有发热性疾病。

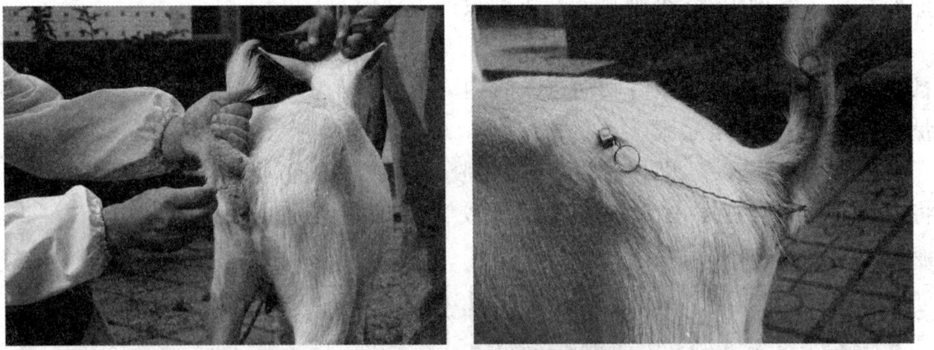

图 5-25　羊体温测定

172 怎样对大群肉羊进行预防给药?

(1)混饲混饮　大群投药,应根据不同的药物(驱虫药及疫苗)和不同的药物剂型,溶解在饮水中或拌入饲料中喂给。投药时应掌握药量、水量或饲料量,搅拌要均匀,用药比例计算要准确。

(2)药浴　是预防和消灭羊疥癣、虱和蜱害最彻底有效的方法。通常在绵羊剪毛或山羊抓绒后1～2周进行。

①药浴池　固定药浴池,多为片石、水泥结构,体积和造型可因地制宜,以经济耐用为原则。流动药浴池应根据需要和可能做成不同结构和造型,能够搬运、装卸;也可以利用大木盆、大铁锅进行药浴。

②药溶液的配制　药浴效果的好坏,与药液浓度关系很大,如浓度过高,既浪费药品,又容易使羊中毒;浓度偏低,则达不到预期效果。

③药浴药物　目前常用的药物有螨净、灭螨灵、20%林丹乳油、敌敌畏乳油、林胺乳油、特敌克、20%氰戊菊酯乳油等。药液浓度可按说明书规定配制。

④注意事项　进行药浴要选好天气,如阴雨天气,应停止药浴。药浴持续时间,以浸透被毛为准,使头部及全身各处都要浸透。药浴顺序,先幼畜后成畜,最后

为病畜。药浴后，个别羊出现神经症状，应用清水洗去羊体药液，并对症抢救。对患疥癣病羊群和羊虱严重羊群，在两周内进行第二次药浴。

173 肉羊疾病治疗的投药途径有哪些？

羊患病后有时需经口腔投药治疗。如果病羊能少量饮水，可把一些无色无味的药品放入水中混饮，否则只能选下列投药方法。

(1)片剂、粉剂投药法　将片剂、粉剂装入投药器内，由口腔插到病羊舌根处，推动活塞，药物即由舌根吞咽而进入胃内。或者将药物压碎放入一长颈瓶内，加适量水后，从病羊口角灌服。

(2)水剂投药法　即胃管投药法，用胶管接漏斗投药，由一人固定病羊，另一人将粗细适当的胶管插入口中，用手紧握胶管和口腔，胶管的另一端接漏斗，再将药液倒入漏斗，即可徐徐灌入胃肠。见图5-26。

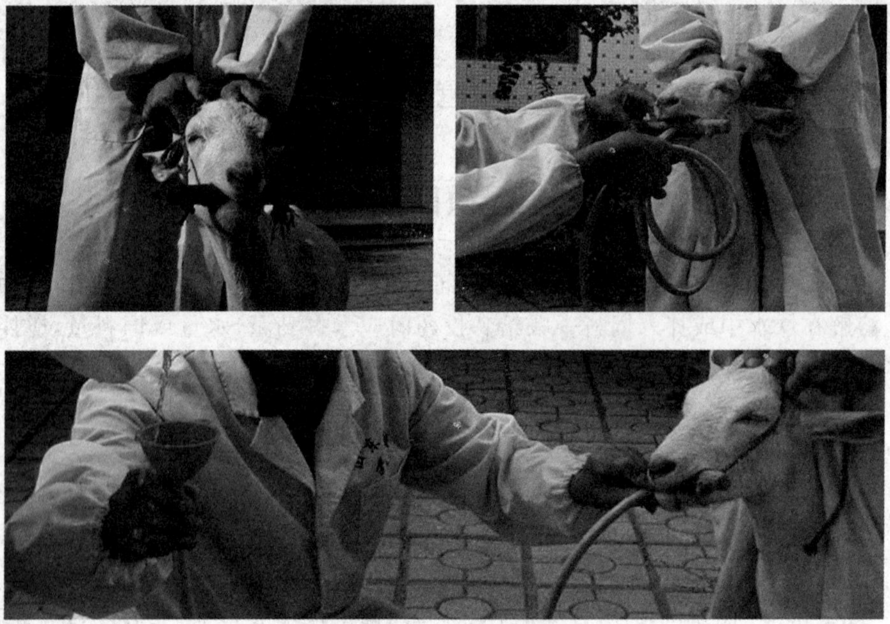

图5-26　羊胃导管投药

174 病羊药物注射的方法有哪些？

羊只发病后需要及时用药治疗，注射是常用的一种治疗方法，包括皮下注射、肌肉注射、静脉注射。

(1)皮下注射　选择皮肤疏松的部位，如颈部两侧、后肢股内侧等。用一只手提起注射部位的皮肤，另一只手持已吸好药液的注射器，以倾斜40°的角度刺入皮肤下方，回抽针芯不回血即可注入药物。注射前后，注射部位要用酒精或碘伏棉球消毒。

(2)肌肉注射　选择肌肉丰满的部位，如两侧臀部或肩前颈部两侧。将注射部位剪毛、消毒，然后将药液吸入注射器，排完空气，将针头垂直刺入肌肉，抽动针管不见回血即可注入。注射完毕后再次消毒压迫止血。

(3)静脉注射　羊多在颈静脉，在颈静脉沟上1/3处剪毛，用左手大拇指按压，使血管努张，右手握好注射器，将针头与静脉呈45°角刺入，见有血液回流至注射器内时，即可放开左手，把药液缓缓注入。

175 病羊给药应注意哪些问题？

病羊的给药方法包括投药和注射，在操作时应注意以下问题。

①无论用什么方法投药，都需要细心、耐心、认真，避免将药物呛入气管内。

②注射的关键问题一是消毒，二是操作准确。消毒包括注射器、针头和注射部位的消毒；操作包括注射部位的选择、排除注射器内的空气、准确熟练地掌握操作要领。

176 常规保健技术措施有哪些？

为了防止羊病的发生，针对不同季节应对羊群重点做好相应保健工作。

(1)春季　春季气候暖和多变，各种体内外寄生虫和病原微生物繁殖较快，容易引起羊只发病，应搞好以下几方面工作：公羊、青年羊在开春后驱虫；母羊产后20天驱虫(春羔)；羔羊断奶时驱虫。保持圈舍清洁卫生，搞好防病消毒，进行免疫接种。逐步过渡饲喂草料，从以干草为主转变为青草为主，每日应喂部分青干草。放牧的羊应防止“跑青”掉膘和幼嫩植物中毒。

(2)夏季　夏季应注意预防中暑，保证供给清洁饮水。注意环境卫生，消灭蚊蝇。通过药浴，彻底驱杀体外寄生虫。

(3)秋季　秋季应及时淘汰病弱羊和育肥商品羊。贮备草料，抓好驱虫和羊只的膘情，准备过冬。抓好秋配工作。

(4)冬季　冬季应提前检修圈舍，注意防寒保暖，特别是对产冬羔的母羊及羔羊尤为重要。寒冷天气坚持喂温水，特别是怀孕母羊。妊娠母羊适当运动，适当日光浴，可减少难产。宜用生石灰而非消毒水进行圈舍消毒。

177 肉羊场发生传染病有何特点？

羊传染病一旦在肉羊场发生，由于肉羊场羊群饲养密度大，羊只相互接触感染的机会多，如不积极采取一系列防控措施，会引起羊群大批发病，甚至死亡，有的传染病如布鲁氏菌病还会传染人。羊的各种传染病无论在临床表现、病理学特征或流行病学特性方面，都是极其不同的。绵羊和山羊对一些传染病的感受性也存在差异。不同年份、类型和品种的羊抗病能力也有区别。羔羊、幼龄羊发病率高，粗毛羊较细毛羊及其杂种羊抗病力强。羊传染病经过多年的大力防制，多数已得到基本控制，有的在一些地区已被消灭，但仍有一些在小范围内散发流行，应引起养羊者的重视。

178 传染病的预防措施有哪些？

(1)加强饲养管理，自繁自养，减少疫情的传入机会　不喂发霉变质饲料，不饮污水和冰冻水，防止受寒感冒，使肉羊膘肥体壮，提高个体的抗病能力。

(2)搞好环境卫生，圈舍做好清毒工作　圈养羊应保持圈舍、场地和用的卫生。经常清扫圈舍，对粪便、尿等污物集中堆积发酵30天左右。同时定期用消毒药，如百毒杀等到高效低毒药物对圈舍场地进行消毒，防止疾病的传播。

(3)开展疫情监测，定期检疫　在周边地区有疫情威胁时，应尽可能进行普查，发现是否有可疑症状。对布鲁氏菌病用变态反应方法定期检疫，方法为在羊尾根下无毛处皮内注射布鲁氏菌水解素。

(4)有计划地搞好免疫接种工作，对羊群进行免疫接种　羊的传染病，尤其是羊的烈性传染病，会给养羊业造成巨大的损失。有些羊的传染病还威胁人类的健康。给羊只注射菌苗、疫苗或类毒素后，羊体会产生相应的免疫力，不再受到传染而发病。因此，预防注射是防止羊传染病的重要措施，坚持每年进行预防注射，就能有效地控制羊的传染病，获得好效益。

(5)针对某些没有疫苗预防的传染病，可采取药物预防　定时定量地在饲料或饮水中加入药物，常用的药物有磺胺类药物及一些中草药制剂。

179 如何建立合理的肉羊免疫程序？

(1)羔羊的免疫程序　按照生长日龄进行免疫注射，依次是：

7日龄：羊传染性脓疱皮炎灭活苗，口唇黏膜注射，免疫保护期为1年。

2月龄：山羊痘灭活苗，尾根皮内注射，免疫保护期为1年。

2.5月龄：O型口蹄疫灭活苗，肌肉注射，免疫保护期为6个月。

3月龄：羊梭菌病三联四防灭活苗，皮下或肌肉注射，免疫保护期6个月；气肿疽灭活苗，皮下注射，免疫保护期为7个月。

3.5月龄：羊梭菌病三联四防灭活苗Ⅱ号炭疽芽胞菌，第二次皮下或肌肉注射，免疫保护期为6个月；气肿疽灭活苗，第二次皮下注射，免疫保护期为7个月。

4月龄：羊链球菌灭活苗，皮下注射，免疫保护期为6个月。

5月龄：布鲁氏菌病活苗，肌肉注射或口服，免疫保护期为3年。

7月龄：O型口蹄疫灭活苗，肌肉注射，免疫保护期为6个月。

(2)妊娠母羊的免疫程序

产羔前6～8周：羊梭菌病三联四防灭活苗、破伤风类毒素，皮下注射或肌肉注射。

产羔前2～4周：羊梭菌病三联四防灭活苗、破伤风类毒素，第二次皮下注射。

产后1个月：O型口蹄疫灭活苗肌肉注射，羊梭菌病三联四防灭活苗皮下或肌肉注射，Ⅱ号炭疽芽胞菌皮下注射。免疫保护期均为6个月。

产后1.5个月：皮下注射羊链球菌灭活苗，免疫保护期为6个月。羊痘灭活苗尾根皮内注射，免疫保护期为1年。布鲁氏菌病灭活苗肌肉注射或口服，免疫保护期为3年。

(3)成年公羊的免疫程序

配种前2周：牛O型口蹄疫灭活苗，肌肉注射，羊梭菌病三联四防灭活苗，皮下或肌肉注射。免疫保护期均为6个月。

配种前1周：皮下注射羊链球菌灭活苗、Ⅱ号炭疽芽胞苗。免疫保护期均为6个月。

180 肉羊场主要接种哪些疫苗？

目前预防羊主要传染病菌的疫苗有以下几种。

(1)无毒炭疽芽苗　用于预防羊炭疽。绵羊皮下注射0.5毫升，注射后14天

产生坚强免疫力，免疫期一年。（此苗不能用于山羊）

(2)破伤风明矾沉降类霉素　用于预防破伤风。羊颈部皮下注射0.5毫升，1个月后产生免疫力，免疫期1年，第二年再注射1次，免疫期可持续4年。

(3)绵、山羊痘弱毒冻干苗　用于预防绵、山羊痘。按瓶签上的头数应用，每头份用0.5毫升生理盐水稀释；每只羊皮内注射0.5毫升（不论大小瘦弱、怀孕均可同量）。注射后5～8天肿胀，硬结，5～10天逐渐消失。注射后4～6天可产生坚强免疫力，免疫期1年。

(4)羊快疫、猝疽、肠毒血症（羔羊痢疾）　三联四防苗用于预防羊快疫、猝疽、肠毒血症和羔羊痢疾干粉苗：用20％铝胶盐水溶解不论羊只年龄大小均皮下或肌肉注射1毫升，14天产生免疫力，免疫期1年。湿苗（又称羊四联苗）：应用前摇均后每只皮下或肌肉注射5毫升，免疫期6个月。

(5)羊O型口蹄疫灭活疫苗　用于预防羊O型口蹄疫。肌肉注射：成年羊每只2毫升，羔羊每只1毫升。注射后15天产生免疫力，免疫期4个月。注射后出现不良反应用肾上腺素救治。

181 如何对羊群进行免疫接种？

疫苗接种就是激发羊体产生对某种传染病的特异性抵抗力，使其对该种疫病由易感转为不易感手段。它是预防和控制肉羊疫病，尤其是传染病的重要手段之一。除某些烈性传染病外，某一地区流行的疫病具有相对的稳定性，养殖场或专业户应对本地区常见疫病进行免疫接种，这是有效预防和控制传染病的重要措施之一。

各地区、各羊场应根据各种疫苗的免疫特点和本地区的发病动态，合理安排疫苗的种类、免疫次数和间隔时间，这就是所谓的免疫程序。目前国内还没有一个统一的羊传染病的免疫程序，只能在实践中探索，不断总结经验，制定出适合本地、本羊场具体情况的免疫程序。

182 疫苗接种应注意哪些问题？

要了解被预防羊群的年龄、妊娠、泌乳及健康状况，体弱或原来就生病的羊接种后可能引起不良反应，应说明清楚，或暂时不打预防针。对15日龄以内的羔羊，除紧急免疫外，一般暂不注射。预防注射前，对疫苗的有效期、批号及厂家应注意记录，以便备查。对预防接种的针头，应做到一头一换。

183 肉羊主要的传染病有哪些？

羊传染病可分为由病毒引起的病毒性传染病和由细菌等引起的细菌性传染病。多发常见的肉羊传染病主要有：羊肠毒血症、羊快疫、羊传染性胸膜肺炎、羊溶血性链球菌病、炭疽、病布鲁氏菌病、羊地方性流产、羔羊腹泻、羔羊肺炎、传染性脓胞口炎、羊痘、蓝舌病、绵羊进行性肺炎、山羊脑炎及关节炎等。

184 传染病发生后应采取哪些措施？

在羊群发生炭疽、口蹄疫、羊痘等烈性传染病时，应立即采取一系列措施，就地扑灭，以免疫情扩大。

(1)兽医人员要立即向有关部门报告疫情，及时划定疫区，采取严格措施进行隔离封锁；同时要立即将病羊和健康羊隔离，不让它们有任何接触，以防健康家畜受到传染。

(2)对于发病前与病羊有过接触的羊，即使外表上看不出有病，也不能再同其他健康羊在一起饲养，必须单圈饲养，经过 20 天以上的观察不发病，才能与健康羊合群；有症状表现的羊，按病羊处理。

(3)对已经隔离的病羊，要及时进行药物治疗。隔离场所禁止人、畜出入和接近，工作人员出入应遵守消毒制度。隔离区内的用具、饲料、粪便等、未经彻底消毒，不得运出。

185 怎样采集、保存和运输病料？

(1)病料的采集　用于微生物学、血清学检验的各种材料的取材方法：

①全血　以 20 毫升注射器吸取 5%柠檬酸钠溶液 1 毫升，然后从静脉采血 10 毫升，混匀后注入灭菌试管或小瓶中。

②乳汁　乳房、乳房附近的毛及术者的手均须用消毒液洗净消毒，将最初挤出的 3～4 股乳汁弃去，然后采集乳汁 10～20 毫升于灭菌容器中。

③脓液　开放的化脓灶可用灭菌拭子蘸取脓汁放入灭菌试管中；最好用注射器刺入未破的脓肿吸取脓汁数毫升，注入灭菌容器中。

④病羊尸体和流产胎儿　将尸体或流产胎儿用消毒液浸过的棉花包裹（或纱布包裹后再用油纸或油布包扎，或放大塑料袋中）整个送检。

⑤淋巴结或实质器官(肝、脾、肺、肾等)　将淋巴结连周围的脂肪一同采取，其他器官可在病变部位各采取1～4厘米^{3}的小块，分别置于灭菌容器中。

⑥肠　选取适宜的肠段6厘米左右，两端进行结扎，自结扎线的外端剪断，置于玻璃容器或塑料袋中。

⑦胆汁　可将胆囊置于塑料袋中整个送检，也可将胆囊表面烧烙后，用注射器或吸管取胆汁数毫升，注入灭菌容器中。

⑧皮肤　取有病变的皮肤10厘米^2，置灭菌容器中，疑为炭疽时，可割取整个耳朵，用浸过3%石炭酸的纱布或报纸包裹后，装在塑料袋内。

⑨骨　采取完整的管骨一块，剔除筋肉，表面撒上食盐，用同上方法包裹，装在塑料袋内。

⑩脑和脊髓　将脑、脊髓取出，浸入适当的保存液中，或将头部整个割下，用浸过3%石炭酸的纱布或报纸包裹好，装在塑料袋内。

(2)病料的保存　要得出正确的诊断结果，除病料采取适当外，还需将病料保持在新鲜或接近新鲜的状态。为此，如不能立即进行检验，或需要寄送到外地检验时，应加入适当的保存剂。

①细菌检验材料　液体标本于管口加橡皮塞或软木塞后，用蜡封固即可。组织块则可保存于饱和盐水或30%甘油缓冲液中，容器同样加塞封固。

②病毒检验材料　一般保存液为50%甘油盐水溶液或鸡蛋生理盐水溶液。血清学检验材料:固体病料如小块肠、耳、脾、肝、肾、皮肤等，可用硼酸或食盐处理，血清可在每毫升中加5%石炭酸1滴。

(3)病料的送检　病料的包装要安全稳妥，对于危险材料，怕热或怕冻材料，应区别对待。

①一般材料　可将塑料袋口扎紧，容器口密封，各种涂片一张，用纸裹起后，包在一起扎紧，然后装箱。箱底先垫一层填充物(锯末、石灰粉和废纸等)，再将病料标本放入各容器之内，用填充物塞紧以防碰撞打碎。容器封口向上，并与箱子四周保持一定距离，用填充料塞紧，上面亦填充盖紧，最后将箱盖钉牢箱外用箭头标明上下，注明“切勿倒置”等字样。

②危险材料　如疑为炭疽、口蹄疫等病的病理材料，应将盛病料的器皿如上法装入金属容器内，焊封加印后再装箱。

③怕热材料　一般微生物学检验材料都怕受热，可将盛病料的容器一个个封口，并用棉花纱布裹紧后直立于广口保温瓶中，底部用棉花纱布等塞紧，上半部用棉花包着的冰块填紧，广口瓶盖紧封蜡后，再直立装箱如前。箱外标明上下，注明“病理检验材料，怕热，切勿倒置，小心轻放”等字样。怕热病料的运送要迅速，装箱

后应尽快地送到检验单位。短途可派专人送去，远处可以邮寄；但在温暖及炎热季节，仍需派专人送去，途中尚需换冰，以送检材料的温度不超过10℃为宜。

④怕冻材料　如血清、病理组织学检验标本，在冬季应用棉花将材料包裹扎紧后装箱，外面注明“防冻”字样。

186 怎样进行传染病的检验？

诊断实验室收到送检病料后，应立即进行检验。羊传染病检验的一般程序和方法如下：

(1)细菌学检验　涂片镜检：将病料涂于清洁载玻片上，自然干燥后在酒精灯火焰上固定，用革兰氏染色等染色法染色，然后镜检，根据所观察到的细菌形态作出初步诊断或确定进一步检验的步骤。分离培养：根据所怀疑传染病病原菌的特点，将病料接种于适宜的细菌培养基上，在一定温度(常为37℃)下进行培养获得纯培养菌后，在用特殊培养基培养，进行细菌的形态学、培养特征、生化特性、致病力和抗原特性鉴定。

(2)病毒学检验　分离培养：病毒不能在无生命的细菌培养基上生长，因此，要将样品接种到鸡胚或细胞培养物上进行培养；对分离到的病毒，用电子显微镜检查、血清学试验及动物实验等方法进行理化和生物学鉴定。

(3)免疫学检验　常用的方法有凝集反应、沉淀反应、补体结合反应、免疫扩散试验、荧光抗体技术、酶标技术、单克隆抗体技术等血清学检验方法，以及用于某些传染病生前诊断的变态反应方法等。

187 为什么要对肉羊定期驱虫？

一般情况下，寄生虫病多呈隐形、慢性经过，无明显临床症状，很难发现，但会影响羊只生长发育、增重缓慢、贫血消瘦，容易被忽略。因此，为了预防羊的寄生虫病，应在发病季节到来之前，对羊群进行预防性驱虫。驱虫时机应根据寄生虫病的季节动态调查来确定，所选药物应视病的流行情况选择应用，驱虫过程中发现中毒病羊应及时解救。

188 肉羊场寄生虫病的预防措施有哪些？

防治寄生虫病是个极其复杂的工作，首要的是贯彻“预防为主”，“防重于治”的方针，还必须实施综合性防治措施，才能收到较好的效果。

(1)净化环境　大部分线虫不受中间宿主的限制，因此，分布范围广，感染机会多。所以防制线虫病的重点应当是减少环境的污染，并注意杀灭中间宿主。羊舍要经常清扫，定期消毒；保持饮水卫生，切断传播途径。

(2)处理老弱羊　老弱羊是严重的带虫者，因此，每年入冬前对羊群中的老弱羊进行一次淘汰处理，以减少寄生虫病传播的机会。

(3)驱虫　是杀灭羊体寄生虫的重要措施，目的是控制和消灭传染源，可分为预防性驱虫和治疗性驱虫两种。

189 怎样做好肉羊的驱虫工作?

(1)预防性驱虫　在牧区多采取一年两次驱虫的方法，一般在春季和秋末冬初各驱虫一次。农区和半农半牧区则多在放牧转入舍饲或舍饲转入放牧前进行两次驱虫，以减少羊的感染机会。

(2)治疗性驱虫　羊群要经常检查寄生虫感染情况。根据病情，适时进行驱治，对寄生虫感染较重的羊群，可在2～3个月提前做一次治疗性驱虫。

常用的驱虫药物有驱虫净、丙硫咪唑、敌百虫、灭虫丁、虫克星等。

190 肉羊场进行药物驱虫应注意哪些问题?

在驱虫中严格遵守操作规程，准确地按药品说明书配制药液浓度，根据羊的不同年龄、体质状况，掌握好每只羊的投药剂量。防止浓度过大引起羊中毒，浓度过低又达不到驱虫目的。驱虫后，圈舍、运动场、粪便进行清扫及消毒处理。驱虫药要经常更新换代或交替使用，防止虫体产生抗药性，影响驱虫效果。

191 肉羊主要的寄生虫病有哪些?

羊常见的寄生虫病种类很多，概括起来属于蠕虫病、蜘蛛昆虫病和原虫病三大类。其中常发生的蠕虫病有捻转胃虫病、钩虫病、阔口线虫病、结节虫病、鞭虫病、肺线虫病、肝片形吸虫病、前后盘吸虫病、莫尼茨绦虫病、细颈囊尾蚴病、多头蚴(脑包虫病)。蜘蛛昆虫病有疥癣病、羊鼻蝇蛆病和羊虱、蜱病。但原虫病较少见。

192 羊群发生寄生虫病后如何处理？

(1)羊蠕虫病　羊的大多数蠕虫病属消耗性疾病，多呈慢性经过，但也有急性暴发的情况发生，如羊的肝片吸虫病。若根据各种诊断方法已确定发病原因属于吸虫、绦虫、线虫，则应根据所确诊的寄生虫种类及其生物学特性针对传播环节进行处理，选用特效药或广谱驱虫药对病羊进行治疗。

(2)羊原虫病　羊的原虫病特别是血液原虫病大多呈地方流行性，病程一般为急性经过，发病时可选用特效药进行治疗，如贝尼尔、咪唑苯脲、黄色素、青蒿素等，同时应通过药浴或喷雾法进行灭蜱工作。

(3)羊外寄生虫病　羊的外寄生虫病主要为螨病、蜱及鼻蝇蛆病。

当动物体出现螨病时，首先应将病羊与健康羊隔离，通过在饲料内添加杀螨药物，或皮下注射伊维菌素类药物的方法对其实施治疗。

当发现羊患鼻蝇蛆病时，应给病羊注射或口服特效杀虫剂(如伊维菌素或氯硝柳胺)，或用1%敌百虫滴鼻，或用敌敌畏乳剂(每1米^{3}用1毫升)熏蒸等方法进行治疗。

当在羊的体表发现蜱时，应选用高效低毒杀虫剂，如溴氰菊酯(敌杀死)等，进行药浴或喷雾处理。

193 肉羊主要的普通病有哪些？

肉羊普通病包括内科疾病、外科疾病和产科疾病，内科疾病又包括各系统器官疾病、营养代谢病和中毒病，后两者与传染病、寄生虫病一样为群发性疾病，但羊群之间不能接触传染。羊主要的普通病有前胃弛缓、瘤胃积食、瘤胃酸中毒、瘤胃鼓气、胃肠炎、感冒、肺炎、子宫脱出、难产、乳腺炎、瘫痪等。

194 肉羊普通病中的前胃疾病的防治措施有哪些？

肉羊普通病中以消化系统疾病最为多见，其次为呼吸系统疾病，消化系统疾病中尤以前胃疾病多发，如前胃弛缓、瘤胃积食、瘤胃酸中毒、瘤胃鼓气。其共同特点是前胃机能障碍。主要通过加强饲养管理，饲料合理搭配、不多喂粗硬难消化、霉败、易发酵的饲料、免受各种不良刺激等措施进行预防。治疗可遵守“放、导、促、通、补”五字原则。

(1)放　即瘤胃放气术。肉羊发生瘤胃鼓气,有窒息危险时,应尽快进行瘤胃放气。可使用胃管插入胃内排气,或使用套管针穿刺瘤胃放气,紧急情况下也可用16号以上长针头或削尖的细竹筒。穿刺部位为左侧肷窝瘤胃隆起最高点穿刺,放气后注入或灌服防腐止酵剂等。

(2)导　即洗胃术。是治疗前胃弛缓、瘤胃积食、瘤胃酸中毒的有效方法。洗胃时,按胃管投药法操作要领,将大小适宜的胃管经口插入胃内。当证实进入胃后,向胃管注入36～39℃的温水,或碳酸氢钠液、食盐溶液、高锰酸钾液,待漏斗内药液快流完时,倒转胃管末端使其低于动物体躯,并同时压低头部,依据虹吸原理排出胃内容物。反复冲洗直到内容物洗净为止。通过洗胃,达到改变瘤胃内环境,恢复正常生理功能的目的。

(3)促　就是促进瘤胃运动机能恢复。静脉注射10%氯化钠注射液或促反刍液,还可皮下注射毛果丢香碱、比赛可林、氨甲酰胆碱,以达到促进瘤胃蠕动和反刍的目的。还可灌服健胃药龙胆酊、大黄酊等。

(4)通　即疏通胃肠。对瘤胃积食、瘤胃酸中毒等前胃疾病,可用泻下药物以加速胃内容物派出。通常多用液体石蜡或植物油等油类泻剂、硫酸镁或硫酸钠等盐类泻剂。当机体脱水严重时不要用盐类泻剂。

(5)补　前胃疾病极易造成机体水、盐和酸碱平衡紊乱,此时应及时给予补充和纠正。可静脉输入5%葡萄糖生理盐水注射液、20%安钠咖注射液,5%维生素C注射液,维生素B_1注射液达到强心补液、维护肝脏功能、促进新陈代谢、防止脱水的目的,纠正酸中毒可静脉输入5%碳酸氢钠溶液。

对瘤胃积食、瘤胃酸中毒、瘤胃鼓气在用上述方法治疗无效或临床估计不会奏效时,应果断采取瘤胃切开术,以挽救肉羊生命。

195 如何预防肉羊中毒?

中毒的一般预防措施:有毒草生长的草场,应进行调查和铲除毒草。施用农药或灭鼠用药的地区应树立标志,并防止羊群进入。禁止饲喂发霉草、料和有病害的农作物茎叶。临床、防疫用药时,剂量要准确,浓度要适当。

196 羊群发生中毒性疾病后如何处理?

(1)中毒的一般急救措施

①毒物排除法　为了制止毒物继续被吸收,可用温水1 000毫升加活性炭

50～100 克或 0.1%高锰酸钾液 1 000～2 000 毫升，反复洗胃。为了迅速使胃肠道内有毒物质排出体外，可根据羊只大小内服硫酸钠或人工盐泻剂 25～50 克，也可灌服牛奶、生鸡蛋各 500 克以上，均有解毒作用。

②全身疗法　为稀释毒物，促进毒物排出，可静脉注射 10%葡萄糖溶液、生理盐水、复方氯化钠溶液等，剂量均为 500～1 000 毫升。

③对症疗法　根据病情选用药物，心脏衰弱时，可肌肉注射 0.1%盐酸肾上腺素 2～3 毫升，或 10%安钠咖 5～10 毫升；兴奋不安时，口服乌洛托品 5 克，肺水肿时，可静脉注射 10%氯化钙注射液 500 毫升。

(2)特效解毒法　已查明中毒原因时，可用解毒剂。

①酸中毒　可内服碳酸氢钠 10～15 克。

②亚硝酸盐中毒　可内服 0.1%浓度的高锰酸钾 200 毫升或肌肉注射美蓝 20 毫升。

③有机磷中毒　可注射 1%硫酸阿托品 2～3 毫升，解磷定肌肉注射 6 毫升。

(3)对某些有毒植物中毒的防治措施

①醉马草中毒　主要应用酸性药物治疗，如发现中毒后，立即给予醋酸 30～50 毫升，或乳酸 20～30 毫升，或稀盐酸 15～25 毫升，加水适量灌服；也可给服食醋或酸奶 500～1 000 克对严重病例，应配合输液、补液、强心等对症措施。对本病的预防应加强对醉马草的识别，发动群众于其开花前后割除，尽量减少其繁殖生长，实行轮牧或禁止在大量生长该毒草的牧地放牧。

②毒芹中毒　发现中毒后，立即用 0.5%～2.0%鞣酸洗胃，每隔 30 分钟洗 1 次，连洗数次。洗胃后，为使生物碱沉淀，阻止其继续吸收，可灌服碘剂(碘 1 克、碘化钾 2 克，水 1 500 毫升)，灌 100～200 毫升，间隔 2～3 小时再灌 1 次；也可用豆浆或牛羊奶灌服。对中毒严重的羊，可早期施行瘤胃切开，取出瘤胃内容物。清除胃内容物，以防止残余毒素的继续吸收，可使用吸附剂、缓泻剂。其他对症措施，可使用镇静剂、强心剂等。对本病的预防，应避免在有毒生长的草地放牧，并改造有毒芹生长的放牧地。早春放牧时，应于出牧前饲喂少量饲料，以免家畜由于饥不择食而误食毒芹。

197 肉羊尿素中毒是怎样发生的？

羊的瘤胃内的微生物可将尿素或铵盐中的非蛋白氮转化为蛋白质，因此用尿素或铵盐加入日粮中可替代部分蛋白质，由于成本低、效果好而得到较为广泛的应用，但若饲喂不当，可引起羊只中毒。

羊尿素中毒常由于尿素喂量过大和饲喂方法不当，尿素的分解速度超过瘤胃内的微生物合成菌体蛋白的速度，多余的氨通过瘤胃壁吸收进入血液而导致中毒；另外，羊误食含氮化学肥料以及饮用尿素溶液、没有经过适应阶段便突然大量饲喂尿素也能导致中毒。

198 尿素中毒的诊断要点及治疗原则是什么？

临床上常根据羊只的表现，结合饲料添加尿素的具体情况诊断羊尿素中毒。

羊尿素中毒时多为急性经过，以强直性痉挛和呼吸困难等症状为特征。初期表现不安，肌肉震颤，步态不稳，共济失调，严重者倒地不能站立；中期表现为食欲废绝，反刍、嗳气停止，瘤胃蠕动减弱、胀气，肌肉强直性痉挛，牙关紧闭，

角弓反张，知觉丧失；后期表现为高度呼吸困难，流涎，排粪失禁，瞳孔散大，窒息死亡。

羊尿素中毒的治疗原则为洗胃、使用解毒药、对症治疗。

199 如何预防肉羊尿素中毒？

①在用尿素补充饲料的蛋白质时，尿素的饲喂量不能过大，否则会引起中毒，这是发生肉羊尿素中毒的主要原因。因为这时尿素分解的速度超过瘤胃微生物合成菌体蛋白的速度，多余的氨经瘤胃壁吸收进入血液导致中毒。

②另外，羊误食含氮化学化肥、饮用尿素溶液、没经过适应阶段便突然饲喂大量尿素也可导致中毒。

200 如何实施尿素中毒的治疗？

①醋酸溶液 0.5～2 升，加水适量，经口灌服；或用食醋反复多次洗胃直至大部分内容物排出，然后投服适量温水。

②肌肉注射或静脉注射硫代硫酸钠注射液，每只羊 1 克，每天 2 次，连用 3 天。

③从健康羊瘤胃中移入瘤胃内容物，接种瘤胃菌群。

201 小反刍兽疫的临床表现及防治措施是什么？

小反刍兽疫仅见于山羊和绵羊。山羊发病严重，绵羊也偶有严重病例发生。

感染动物临诊症状与牛瘟病牛相似。急性型体温可上升至41℃,并持续3～5天。感染动物烦躁不安,被毛无光,口鼻干燥,食欲减退。流黏液脓性鼻漏,呼出恶臭气体。在发热的前4天,口腔黏膜充血,颊黏膜进行性广泛性损害、导致多涎,随后出现坏死性病灶,开始口腔黏膜出现小的粗糙的红色浅表坏死病灶,以后变成粉红色,感染部位包括下唇、下齿龈等处。严重病例可见坏死病灶波及齿垫、腭、颊部及其乳头、舌头等处。后期出现带血水样腹泻,严重脱水,消瘦,随之体温下降。出现咳嗽、呼吸异常。发病率高达100%,在严重暴发时,死亡率为100%。

在发生本病的地区,可根据小反刍兽疫病毒与牛瘟病毒抗原相关原理,用牛瘟组织培养苗进行免疫接种;扑杀患病和同群动物;羊舍周围用碘制剂消毒药每天消毒两次;使用羊全清配合刀豆素肌肉注射,1次/天,连用2天。

六、肉羊场经营管理

202 什么是肉羊场经营管理？

肉羊场经营管理就是重点在品种选择、控制成本、抵抗风险和搞好营销等几个方面做好工作，使养殖获得收益。

203 肉羊场经营管理的基本内容有哪些？

(1)企业文化管理　企业文化是企业长期文化建设的反映，包括精神层面、行为层面和制度层面。企业文化应该由领导、组织推动，员工配合共同完成，将企业文化历史、员工行为和制度结合起来。成为以全体员工为工作对象，通过宣传、教育、培训和文化娱乐、交心联谊等方式，最大限度地统一员工意志，规范员工行为，凝聚员工力量，为企业总目标服务。

(2)生产指标绩效管理　建立完善生产激励机制，对生产线员工进行生产指标绩效管理。规模化羊场最适合的的绩效考核奖罚方案应是以每栋羊舍为单位的生产指标绩效工资方案。

(3)岗位责任管理　羊场组织架构要精干明了，岗位定编也要科学合理。一般来说，一个 1 000 只规模种羊场定编 15 人。责任分工以层层管理、分工明确、场长负责制为原则。具体工作专人负责，既有分工，又有合作，下级服从上级；重点工作协作进行，重要事情通过场领导班子研究解决。每个岗位每个员工都有明确的岗位职责。

(4)生产例会与技术培训　定期检查、总结生产上存在的问题，及时研究出解决方案；有计划地布置下一阶段的工作，使生产有条不紊地进行；提高饲养人员、管理人员的技术素质，进而提高全场生产的管理水平。

(5)制度化管理　羊场必须建立健全羊场各项规章制度。如员工守则及奖罚条例，员工休请假考勤制度，各羊舍生产岗位责任制度，羊场生产、销售和管理岗位责任制度，消毒更衣房管理制度，卫生防疫管理制度，粪污处理管理制度等。

(6)流程化管理　要求全场员工对自己所做的工作内容和特点要非常清晰明了，做到每周每日工作事事清。每周工作流程如周六消毒等；每日工作流程如几点喂料、几点治疗病羊、几点搞卫生等。

现代规模化羊场在建场之前，其生产工艺流程就已经确定。生产线的生产工艺流程至关重要，如哺乳期多少天、空栏时间等都要有节律性，是固定不变的。只有这样，才能保证羊场满负荷均衡生产。

(7)规程化管理　在羊场的生产管理中，各个生产环节细化的科学的饲养管理技术操作规程是重中之重，是搞好羊场生产的基础，也是搞好羊病防制工作的基础。饲养管理技术操作规程主要包括生产操作规程、临床技术操作规程、卫生防疫制度、免疫程序、驱虫程序、消毒制度、预防用药及保健程序等。

(8)数字化管理　羊场报表有大量的生产、管理、采购、销售及其他报表等，这些报表需要及时的进行统计、汇总和分析。羊场需要建立一套完整的科学的生产线报表体系，并用电脑管理软件系统进行统计、汇总及分析，提高生产管理效率。

(9)信息化管理　羊场的生产管理应充分应用现代信息化技术，对羊场生产的产前、产中和产后各个环节进行管理，提高羊场的生产效益和经济效益。

204 肉羊场生产的指标有哪些？

(1)生长发育性状　初生重、断奶重、6月龄重、12月龄重、18月龄体重及外貌评分，各年龄阶段的体尺性状。

(2)肥育性状　指育肥开始、育肥结束及屠宰时的体重、日增重、饲料转化率等。

(3)胴体性状　胴体品质是衡量一只肉用羊经济价值的最重要指标，因而也是肉用羊性能测定的最重要组成部分，主要包括胴体重、屠宰率、净肉率、背膘厚、眼肌面积、部位肉产量等屠宰性状；如果应用超声波技术，一般测定背膘厚、眼肌面积等性状。

(4)肉质性状　肉质是一个综合性状，其优劣是通过许多肉质指标来判定等级，常见的有肉色、大理石纹、嫩度、肌内脂肪含量、脂肪颜色、胴体等级、pH、系水力或滴水损失、风味等指标。

(5)繁殖性状　肉羊的繁殖性状包括初配年龄、性成熟年龄、产羔率、受胎率、情期受胎率、睾丸围、精液产量以及各项精液品质指标等。

205 肉羊场的羊群结构如何确定？

羊群年龄结构应保持在0.5～1岁的青年羊占15%～20%，1～4岁的壮年羊占65%～75%，5岁以上的羊占10%～15%（一般只留种用）的比例。母羊比例达到75%～90%。母羊比例越高，出栏率越高，经济效益越好。公母比例一般为1∶30左右。

206 如何进行肉羊的市场预测？

预测肉羊的市场可以根据近几个周期种羊、饲料、羔羊、出栏规模、出栏价格等数据的分析，预测出未来1～3年肉羊市场的增长量及价格趋势。

207 如何进行肉羊场的财务管理？

(1)明确职责　为确保财务管理工作顺利开展，必须明确，养殖场领导人是养殖场财务管理的第一负责人，对本养殖场的会计基础工作负有领导责任；财会人员应对本单位的具体财务收支负责，确保会计信息的真实性和完整性。

(2)收支管理

①实行“收支两条线”管理制度　各项业务收入，均应按规定缴入养殖场指定的账户，不得坐收坐支，更不得另设账户建立“小金库”。养殖场支出按规定核拨。年终结算时，所得利润由养殖场统一安排使用，主要用于兴建和维护养殖场基础设施。此外，用于养殖场职工的奖励和生活福利等。

②执行“一支笔”审批制度　养殖场的每一笔日常业务支出均由养殖场负责人按规定审批。

③严格原始凭证审查制度　养殖场发生支出业务时，一般情况下经办人都应该索取正式发票，发票须有经办人、证明人、审批人签名方可办理报销手续。

(3)账务管理

①养殖场必须按规定设立总分类账、银行存款账、现金日记账，对本养殖场发生的每一笔财务收支业务进行登记，做到日清月结，账目分明，便于检查监督。

②养殖场对当月发生的财务收支业务必须进行结账，并将收支情况于次月×号前填写好财务收支报表、整理装订好原始凭证，一并上报养殖场场主审核，经审核无误后办理报销手续。

(4)票据管理　养殖场的业务收据统一使用财政部门印制的收费票据，采取定期领销的办法管理。

208 如何进行肉羊养殖成本核算？

肉羊养殖的必须根据生产的成本费用和生产收入进行统计分析，精确计算产品的成本，便于事情做好生产安排。

(1)成本费用　养殖场的成本包括产品成本和期间成本。

①产品成本

直接材料　指构成产品实体或有助于产品形成的原料及材料。包括养羊生产中实际消耗的精饲料、粗饲料、矿物质饲料等饲料费用(如需外购，在采购中的运杂费用也列入饲料费)，以及粉碎和调制饲料等耗用的燃料动力费等。

直接工资　包括饲养员、放牧员、挤奶员等人的工资、奖金、津贴、补贴和福利费等。如果专业户参与人员全是家庭成员，也应该根据具体情况做出估计费用。

其他直接支出　包括医药费、防疫费、羊舍折旧费、专用机器设备折旧费、种羊摊销费等。医药费指所有羊只耗用的药品费和能直接记入的医疗费。种羊摊销费指自繁羔羊应负担的种羊摊销费，包括种公羊和种母羊，即种羊的折旧费用。

制造费用　指羊场为组织和管理生产所发生的各项费用。包括生产人员的工资、办公费、差旅费、保险费、低值易耗品、修理费、租赁费、取暖费、水电费、运输费、试验检验费、劳动保护费以及其他制造费用。

②期间费用

管理费用　指管理人员的工资、福利费、差旅费、办公费、折旧费、物料消耗费用等，以及劳动保险费、技术转让费、无形资产摊销、招待费、坏账损失及其他管理费用等。

财务费用　包括生产经营期间发生的利息支出、汇兑净损失、金融机构手续费及其他财务费用等。

销售费用　指在销售畜产品或其他产品、自制半成品和提供劳务等过程中发生的各项费用。包括运输费、装卸费、包装费、保险费、代销手续费、广告费、展览费等，或者还包括专业销售人员的费用。

(2)收入部分　羊场的收入主要包括羊肉、羊奶、羊绒、羊毛、羊皮等产品的销售收入，出售种羊、肉羊的收入，产品加工增值的收入，羊粪尿及加工副产品的收入等。在做好以上记录的基础上，一般小规模养羊专业户均可按下列公式计算总成本。养羊生产总成本＝工资(劳动力)支出＋草料消耗支出＋固定资产折旧费＋羊群防疫医疗费＋各项税费等。

209 肉羊场经济效益如何分析？

羊场养羊生产的经济效益，用投入产出进行比较，分析的指标有总产值、净产值、盈利、利润等。

(1)总产值　指各项养羊生产的总收入，包括销售产品(毛、肉、奶、皮、绒)的收入，自食自用产品的收入，出售种羊肉羊收入，淘汰死亡收入，羊群存栏折价收入等。

(2)净产值　指羊场通过养羊生产创造的价值，计算的原则是用总产值减去养羊人工费用、草料消耗费用、医疗费用等。

(3)盈利额　指羊场养羊生产创造的剩余价值，是总产值中扣除生产成本后的剩余部分：盈利额＝总产值－养羊生产总成本。

(4)利润额　羊场生产创造的剩余价值(盈利)并不是养羊场应得的全部利润，还必须尽一定义务，向国家缴纳一定比例的税金和向地方(乡或村)缴纳有关生产管理和公益事业建设费用，余下的才是养羊场为自身创造的经济价值。

养羊生产利润＝养羊生产盈利－税金－其他费用

210 提高肉羊养殖经济效益的方法有哪些？

(1)规模化舍饲养殖　转变我国传统放牧养殖肉羊的方式，推广舍饲、舍饲加放牧的饲养方式，发展适度规模的舍饲养殖模式，采用公司加农户(养殖场)的生产模式，有利于提高肉羊养殖效益。

(2)选择优良的品种及杂交配套商品羊　目前最好的肉山羊品种是波尔山羊和南江黄羊，以及大量地方优良肉山羊品种；肉绵羊品种最好是饲养无角多塞特、夏洛莱羊和小尾寒羊等，用上述品种改良本地羊，广泛开展杂交利用技术、大量推广杂交配套商品羊生产，是提高肉羊生产效益的重要措施。

(3)加强本品种繁育与改良　加强本品种的选育改良，保持肉羊生产的可持续发展。

(4)推广肉羊养殖配套新技术　广泛推广肉羊养殖配套新技术：开展人工授精技术、同期发情技术、胚胎移植技术，提高肉羊的繁殖效率；推广肉羊育肥技术、饲料青贮及加工利用技术、种草养羊的技术；改善肉羊生产环境、加强疫病防御、提高肉羊养殖的生产效益，确保肉羊生产快速发展的局面得以维持和发展。

211 如何制订肉羊场生产计划？

制订肉羊养殖场的生产计划，需要遵循以下原则：

（1）整体性原则　编制的羊场经营计划一定要服从和适应国家的养羊业计划，满足社会对羊产品的要求。不仅提出和规定一些方向性的问题，而且应当规定详尽的经营步骤、措施和行为等内容。

（2）适应性原则　养羊生产经营范围广泛，其不可控影响因素较多。因此，计划要有一定弹性，以适应内部条件和外部环境条件的变化。

（3）科学性原则　一切从实际出发，深入调查分析有利条件和不利因素，进行科学的预测和决策，使计划尽可能地符合客观实际，符合经济规律。注重市场，以销定产，即要根据市场需求倾向和容量来安排组织羊场的经营活动，充分考虑消费者需求以及潜在的竞争对手，以避免供过于求，造成经济损失。

（4）平衡性原则　羊场生产经营活动与各项计划、各个生产环节、各种生产要素以及各个指标之间，应相互联系，相互衔接，相互补充。所以，应当把它们看作是一个整体，各个计划指标要平衡一致，使羊场各个方面、各个阶段的生产经营活动协调一致，使之能够充分发挥羊场优势，达到各项指标和完成各项任务。因此，要注重两个方面：一是加强调查研究，广泛收集资料数据，进行深入分析，确定可行的、最优的指标方案。二是计划指标要综合平衡，要留有余地，不能破坏羊场的长期协调发展，也不能满打满算，使羊场生产处于经常性的被动局面。

212 肉羊场生产岗位如何管理？

①公司的安全生产工作必须贯彻“安全第一，预防为主”的方针，各级领导要坚持“管生产必须管安全”的原则，实现安全生产和文明生产。

②一切生产工作要按计划执行，在生产过程中当计划发生变化时，生产管理人员必须迅速合理的做出生产计划的调整。

③要奖罚分明，对在生产方面有突出贡献的团体和个人要给予奖励，对违反生产制度和操作规程造成事故的责任者，要给予严肃处理。

④落实对现场的监督协调管理，及时发现问题、解决问题，保障各环节的正常运行（制定现场管理查核表）管理人员每日对现场进行点检，发现问题必须及时处理，这是现场管理者的每日日课。

⑤培训员工具有熟练的操作技能，人员的合理分工搭配。

⑥充分做好生产前物料的领用备料工作，更换规格时做到快速换线。

⑦各职能部门必须在本职业务范围内做好安全生产的各项工作。

⑧制定特种操作岗位制度，持证上岗，彻底排除一切危险隐患源，加强安全制度监督管理。

213 肉羊场生产数据如何管理？

生产数据最方便有效直观的就是做好报表。各生产组长做好各种生产记录，并准确、如实地填写周报表，交到副场长，经查对核实后，及时备案，其中配种、分娩、断奶、转栏及上市等报表应一式三份。

（1）配种妊娠组报表　包括种羊配种情况周报表；种羊死亡、淘汰情况周报表；妊检空怀及流产母羊情况周报表；人工授精周报表；人为干扰促进发情情况周报表；公羊使用频率月报表；羊群盘点月报表等。

（2）分娩羔羊组报表　包括分娩母羊状况周报表；初生羔羊状况周报表；羔羊死亡周报表；1日龄、2日龄羔羊体重体尺周报表；羊群盘点月报表等。

（3）保育育成组报表　包括肉羊死亡及上市情况周报表；羊群盘点月报表等。

（4）副场长计划及报表　包括饲料需求计划月报表；药物需求计划月报表；生产工具等物资需求计划月报表；生产工具等物资需求计划月报表；饲料消耗月报表；药物消耗月报表；生产工具等物资消耗月报表；饲料内部领用周报表；药物内部领用周报表；生产工具等物资内部领用周报表等。

214 肉羊场销售如何管理？

（1）销售人员的管理

①销售人员的工作主要是留住老客户、发展新客户、促成交易、合同履约、收集和传递市场信息。

②销售人员应保守养殖场商业秘密，更不得诱劝客户将养殖场业务转移或外流。严禁挪用公款、收受回扣及以不正当手段和渠道支取货款。

（2）销售活动的综合管理

在营销过程中，销售人员必须真实完整地填写、汇总“工作日报表”和“客户档案表”，并定期进行书面工作总结，提交养殖场行政管理部一份存档。开发的客户须及时向养殖场备案以便统一协调。销售时，经业务部门组织评审后签订经济合同并交一份原件备案；特殊情况经单位业务部门同意后，可由用户负责人签字的采购单为订货依据;合同额较大的原则上要有预付款。销售利润率过低的拟签订的经济合同要通过养殖场总经理办公室组织合同评审后决定。销售人员负责合同履约,并按约定回收合同款项(包括尾款或质保金);因销售人员个人原因不能收回货款、形成呆账造成养殖场损失的,由销售人员负连带赔偿责任。

(3)网络销售

网络营销是企业整体营销战略的一个组成部分,是建立在互联网基础之上、借助于互联网特性来实现一定营销目标的一种营销手段。

网络营销能够给企业提供直接面向消费者的平台,这不仅降低了企业的销售成本,使产品的价格可以实现价格的最小化,使企业获得最大利益,而且还能突出产品销售过程的价格优势,缩短了产品与消费者之间流通的时间值。

通过搜索引擎竞价、微博、微信、博客、论坛等网络推广与潜在客户进行联系,找出客户期待什么,并让客户轻易联系上你。

通过网络,把我们产品的卖点告诉大家,对相应的客户群进行分析,我们的产品在市场上的占有量是多少,我们的竞争对手是谁,然后选择合适的网络销售方法。

一些做得比较好的值得我们参考:金农网、养殖商务网、企汇网、云商网、四川肉羊网等。

215 肉羊场机构如何设置?

(1)场长 1 人,副场长 1 人,配种妊娠组长 1 人,分娩保育组长 1 人,生长育肥组长 1 人。

(2)饲养员

①配种妊娠组 3 人(含组长、公羊舍):管理 3 栋圈,大约成年母羊 300 头,公羊舍 1 人,管理约 5~6 头公羊(含青年羊),依此类推。

②分娩组 2 人(含组长):管理 1 栋圈,大约哺乳母羊 90 头及羔羊 180 头,依此类推。

③保育组 2 人(含组长):管理 2 栋圈,大约育肥羊 300 头,依此类推。

(3)兽医　执业兽医 1 人,一般副场长为资深技术员,负责整场的技术环节,以兽医居多,具体可根据养殖场规模而定。

(4)采购销售人员　采购销售 1 人,采购销售人员可根据养殖场规模而定,可专职也可以兼职。

(5)食堂　厨师 1 人,根据养殖场规模而定。

216 肉羊场行政如何管理？

(1)确立正确引导、准确评价与适当奖励相结合的激励机制　养殖场行政管理的最佳化实现在很大程度上取决于养殖场管理者的积极有效的配合和实施。以恰当的目标来引导正确的反应行为，以准确的绩效评价作为奖励的科学依据，以不同客体的针对性奖励措施完成激励机制的良性循环。

(2)实行和完善场长负责制　实行场长负责制，建立以其为首的指挥系统是科学行政管理的基础。首先必须明确场长的职责和权限，保证其有足够的行政权力和必要的权威；其次必须保证场长的养殖场管理措施有可靠的行政实施渠道；再者场长必须有一个高水平的咨询机构，保证其养殖场管理措施不致因考虑欠周或个人判断失误而产生负面影响。

(3)合理选择和设计行政组织机构　选择和设计符合养殖场内外特点的组织机构是保证行政命令、指示等迅速流动贯彻的重要前提，是达到行政管理目标的必要条件。

(4)选拔优秀的行政管理人才　现代养殖场管理当中行政管理人员要有与时代相适应的一般素质、能力和知识结构。一般素质包括：良好的个性和心理特征、强烈的创新素质和健康的身体素质。能力结构包括以信息处理能力、组织咨询能力、分析综合能力、择优决断能力为内容的决策制定能力和以善于选择实施办法、用人知人善任、协调统筹全局、应变临阵不乱为内容的决策实施能力。知识结构则包括一般知识、养殖场管理知识和技术知识三大方面。可以说优秀的行政管理人才是现代养殖场行政管理制胜的法宝之一。

217 如何召开肉羊场生产例会？

为了定期检查、总结生产上存在的问题，及时地研究出解决方案；为了有计划地布置下一阶段的工作，使生产有条不紊地进行；为了提高饲养人员、管理人员的技术素质，进而提高全场生产的管理水平，特制定生产例会制度如下：

(1)时间　每周末晚上7:00～8:00。

(2)主持人　该会由场长主持。

(3)时间安排　一般情况下安排在星期一晚上进行，1小时左右。特殊情况下灵活安排。

(4)内容安排　总结检查上周工作，安排布置下周工作。

(5)程序安排　组长汇报工作,提出问题;生产线主管汇报、总结工作,提出问题;主持人全面总结上周工作,解答问题,统一布置下周的重要工作。生产例会结束后进行技术培训。

(6)准备事项　会前组长、生产线主管和主持人要做好充分准备,重要问题要准备好书面材料。

(7)问题处理　对于生产例会上提出的一般技术性问题,要当场研究解决,涉及其他问题或较为复杂的技术问题,要在会后及时上报、讨论研究,并在下周的生产例会上予以解决。

218 肉羊场目标如何考核?

(1)整体考核　考核目标包括出栏率、存栏量、饲料量、用药量等。

(2)后备母羊舍　考核目标包括情期发情率(用药、未用药),饲料量,用药量等。

(3)配怀舍　考核目标包括配种率、返情率、空怀率、饲料量、分娩率,用药量等。

(4)分娩保育舍　考核目标包括断奶成活率、断奶重、饲料量、用药量、产后发情率等。

(5)育成舍　考核目标包括料肉比,日增重率、出栏重、用药量等。

(6)公羊舍　考核目标包括精液品质、身体各项指标、饲料量、用药量等。

219 后备母肉羊岗位管理制度是什么?

(1)工作目标　情期发情率:90%以上;体重指标,身体健康状况

(2)工作日程

7:30～8:40　饲喂、观察羊群

9:00～10:00　治疗、其他工作

10:00～15:00　放入运动场自由运动,清扫圈舍

15:30～16:30　饲喂

20:00～21:00　补饲、其他工作

220 空怀妊娠母肉羊岗位管理制度是什么?

①严格按《饲养管理技术操作规程》和每周工作日程进行生产。

②及时反映出现的生产和工作问题。

③整理和统计生产日报表和周报表。

④定期全面消毒,清洁绿化工作。

⑤饲料、药品、工具的使用计划与领取及盘点工作。

⑥服从生产线主管的领导,完成生产线主管下达的各项生产任务。

⑦负责本生产线配种工作,保证生产线按生产流程运行。

⑧负责本组羊只转群,调整工作、羊只的预防注射工作。

221 后备公羊岗位管理制度是什么?

(1)工作目标

①服从人员管理,能配合对母羊进行发情鉴定。

②能操作爬跨配种和假阴道采精。

③保证精液品质良好。

(2)工作日程

7:30～8:40	饲喂、观察羊群
9:00～10:00	治疗、其他工作
10:00～15:00	放入运动场自由运动,清扫圈舍,观摩种公羊自然交配或人工采精
15:30～16:30	饲喂
20:00～21:00	补饲、其他工作

222 种公羊岗位管理制度是什么?

(1)工作目标

①服从人员管理。

②能保证配种工作顺利完成,若有需要,可随时采精。(本交或人工采精)

(2)工作日程

7:30～8:40	饲喂、观察
9:00～10:00	治疗、采精
10:00～15:00	放入运动场自由运动,清扫圈舍,采精
15:30～16:30	饲喂
20:00～21:00	补饲、其他工作

223 配种岗位管理制度是什么？

①每年年末制定下一年的每月配种繁殖计划，参与制定选种选配计划。

②负责发情鉴定、人工授精、妊娠诊断、生殖道疾病诊断、治疗。

③及时填写发情记录、配种记录、妊娠检查记录、流产记录、产羔记录、生殖道疾病记录、繁殖卡片等。

④按时整理分析各种繁殖技术资料并及时如实上报。

⑤普及羊繁殖知识，掌握科技信息，推广繁殖新技术和经验。

⑥经常注意液氮存量，做好精液的保管和采购工作。

224 产房岗位管理制度是什么？

①严格按《饲养管理技术操作规程》和每周工作日程进行生产。

②及时反映生产和工作问题。

③整理和统计本组的生产日报表和周报表。

④定期全面消毒，清洁绿化工作。

⑤饲料、药品、工具的使用计划与领取及盘点工作。

⑥服从生产线主管的领导，完成生产线主管下达的各项生产任务。

⑦负责空栏羊舍的冲洗消毒工作。

⑧负责母羊、羔羊转群、调整工作。负责哺乳母羊、羔羊预防注射工作。

225 育肥肉羊岗位管理制度是什么？

①严格按《饲养管理技术操作规程》和每周工作日程进行生产。

②及时反映生产和工作问题。

③整理和统计本组的生产日报表和周报表。

④定期全面消毒，清洁工作。

⑤饲料、药品、工具的使用计划与领取及盘点工作。

⑥服从生产线主管的领导，完成生产线主管下达的各项生产任务。

⑦负责肉羊的出栏工作，保证出栏羊只的质量。

⑧负责生长、育肥羊的周转、调整工作。

⑨负责空栏羊舍的冲洗、消毒工作。

⑩负责生长、育肥羊的预防注射工作。

226 隔离舍岗位管理制度是什么？

①商品羊实行全进全出或实行分单元全进全出制饲养管理。每批羊出栏后，圈舍应空置2周以上，并进行彻底清洗、消毒，杀灭病原，防止连续感染和交叉感染。

②饲养员不得随意串舍，不得相互使用其他圈舍的用具及设备，疫病高发季节饲养员不得随意出入生产区。

③从非疫区引进检疫合格的羊引进后，应在隔离舍观察2周以上，健康者方可进入健康舍饲养。

④患病羊只应及时送隔离舍，进行隔离诊治或处理。

⑤严禁场内兽医人员在场外兼职，严禁场外兽医进入隔离舍诊治疫病。确因需要必须从场外请进兽医时，进入隔离舍前应更换服装鞋帽，进行严格消毒后，方可进入。

⑥外地引进羊只严格实行审批制度，引进的羊只必须严格按规定进行隔离饲养，确认无疫后方可进入生产区。

227 肉羊场兽医岗位管理制度是什么？

(1)兽医主管

①制定本场消毒、防疫检疫制度和制定免疫程序，并进行监督。

②负责拟订全场兽医药械的分配调配计划，并检查其使用情况，在发生传染病时，根据有关规定封锁或者捕杀病羊。

③组织进行技术经验交流、技术培训和科学实验工作。

④及时组织会诊疑难病例。

⑤对于兽医技术中的重大事故，要负责做出结论，并承担应负的责任。

⑥对全场兽医技术人员的任免、调动、升级、奖惩提出意见和建议。

(2)兽医

①负责畜群卫生保健、疾病监控和治疗，贯彻防疫制度，制定药械购置计划，填写病历和有关报表，实行兽医记录电脑管理。

②认真细致地进行疾病诊治，充分利用化验室提供的科学数据，遇疑难病例及时汇报。

③每天巡视畜群,发现问题及时处理。

④普及卫生保健知识,提高员工素质。

⑤兽医应配合畜牧技术人员,共同搞好畜群饲养管理,减少羊群发病。

⑥掌握科技信息,开展科研工作,推广应用先进技术。

228 肉羊场技术员岗位管理制度是什么?

①根据本场生产任务和饲料条件,拟订生产计划。

②根据畜牧技术规程,拟订饲料配方和饲喂定额。

③制定育种、选种、选配方案。

④负责羊场的饲养任务、畜牧技术操作和畜群生产管理。

⑤配合场部制定、督促、检查各种生产操作规程和岗位责任制贯彻执行情况。

⑥总结本场的畜牧技术经验,传播科技知识,填写各项技术记录,并进行统计管理。

⑦对于本场畜牧技术中的事故,及时报告,并承担责任。

参考文献

[1] 肖金东.肉羊饲养管理与疾病防治.北京:中国农业科学技术出版社,2014.
[2] 吴心华.肉羊肥育与疾病防治.北京:金盾出版社,2014.
[3] 权凯,赵金艳.肉羊养殖实用技术.北京:金盾出版社,2014.
[4] 刁其玉.肉羊饲料调制加工与配方集萃.北京:中国农业科学技术出版社,2014.
[5] 王志武,闫益波,李童.肉羊标准化规模养殖技术.北京:中国农业科学技术出版社,2013.
[6] 闫益波.无公害羊肉安全生产技术.北京:化学工业出版社,2013.
[7] 周占琴.农区科学养羊技术问答.北京:金盾出版社,2012.
[8] 熊朝瑞.新版养羊问答.成都:四川科学技术出版社,2011.
[9] 牛捍卫,沈忠.实用羊病诊疗技术.北京:中国农业出版社,2006.
[10] 李健.肉山羊高效安全生产技术.北京:中国农业出版社,2005.
[11] 沈正达.羊病防治手册.北京:金盾出版社,2005.
[12] 周光明.养羊关键技术.成都:四川科学技术出版社,2003.
[13] 熊朝瑞.良种肉山羊养殖技术.北京:金盾出版社,2002.